무조건 합격하는 항공무선통신사 필기시험 핵심 핸드북 1

저자 **자율** _항공분야 변호사

전파법규 / 영어 / 기출문제 정리·해설

KCA 공식 출제기준에 따른 기출문제 유형 완벽 정리
최신 8개년 기출문제 유형별 출제율 분석과 중요도 표시
기출문제 해답의 정확한 법적근거 제시 및 해설

도서출판 **삼일**

저자 소개

저 자 자 율

자 격 변호사, 자가용·사업용 조종사, 항공·육상 무선통신사

경 력 변호사
국토교통부 항공분야 행정처분심의위원회 자문변호사
국토교통부 항공8급 공무원채용 필기시험 항공법규 출제위원
국토교통부 한국항공아카데미(KAA), 항공·철도사고조사위원회 항공법규 강사
항공사 선선발 조종훈련생
항공우주정책·법학회 정회원
'항공과 법' 블로그(blog.naver.com/easyworldeasylife) 운영

저 서 항공무선통신사 필기시험 핵심 핸드북 1 (전파법규·영어)
항공무선통신사 필기시험 핵심 핸드북 2 (전파공학·통신보안)
육상무선통신사 필기시험 핵심 핸드북 E-Book (전파법규)
자가용조종사 구술시험 핵심 핸드북 E-Book (항공법규·항공기상)

머 리 말

2022년 E-Book으로 출판한 "항공무선통신사 기출문제 정리·해설"이 큰 사랑을 받고 드디어 오프라인 책까지 출간하게 되었습니다. 항공무선통신사를 준비·취득한 사람의 한명으로서, 시험 준비 과정에서 수험생이 필요한 수험서가 없는 것에 큰 아쉬움을 느끼고 제가 공부한 것을 바탕으로 이 책을 만들었습니다.

그렇기에 이 책은 수험생들이 시험을 쉽고 체계적으로 준비할 수 있는 수험서가 되면서, 무선 통신사에 대한 전체적인 이해도 할 수 있도록 도와주는 것을 목표로 합니다. KCA(한국방송통신 전파진흥원)의 개정 출제기준(2017)에 따라서 기출문제를 체계적으로 분류하였고, 그 출제빈도에 따라 출제기준에 중요도(★) 표시를 해두었습니다. 필기시험 문제출제는 문제은행 방식이므로, 모든 기출문제를 푸는 것은 비효율적입니다. 따라서 가장 중요한 최신 8개년 기출문제를 핵심 대상으로 하였습니다.

항공무선통신사 시험과목에서 '전파법규'는 그 범위가 방대하기에, 많은 수험생들이 시험 준비 과정에서 가장 어려움을 느끼는 과목입니다. 따라서 이 책의 구성은 ① 전파법규의 전 범위와 목차를 전체적으로 한 눈에 파악할 수 있도록 하여, ② 기출 문제가 어떤 부분에 속하여 있는지, ③ 전파법규의 어떤 부분이 자주 출제되는 중요한 부분인지, 또 ④ 문제의 해답과 그 정확한 근거는 어디에 있는지 등을 쉽게 알 수 있도록 하였습니다.

전파공학은 빠른 속도로 발전되어 나가고 있고 이에 대응하여 전파법규 역시 그 제·개정이 신속히 되고 있습니다. 이에 비하여, 항공무선통신사의 문제출제는 문제은행 방식이다 보니, 과거부터 출제되어 왔던 문제의 근거법규가 현재의 제·개정된 전파법규와는 다소 다른 부분이 존재합니다. 따라서 그러한 부분의 근거 법규는 과거의 전파법규 내용을 수록해 두었고, 이는 '구 [전파법 또는 행정규칙]'의 형식으로 기재해 두었으니 문제 풀이 시에 참조하기 바랍니다.

한편, 영어 과목은 다른 과목에 비하여 일반적인 상식 수준에서 출제되기에, 문제를 처음 접하여도 적응하기가 쉽고 항공에 관심이 있는 사람이라면 충분히 알 수 있는 개념들이 나옵니다. 따라서 수험생은 영어 과목에서 최대한 많은 점수를 득하여, 전파법규나 전파공학에서 잃은 점수를 만회하고 전체 시험의 평균점수를 올리는 전략과목으로 삼아야 합니다.

항공무선통신사 영어 과목은 항공교통관제용어·절차가 대부분을 차지하는데, 이는 국제민간 항공협정 부속서 10(Aeronautical Telecommunications, 항공통신), Vol 2 (Communication Procedures, 통신 절차)에 구체적인 실무 규정이 있습니다. 그리고 해당 부속서 10에 따라 제정한 우리나라 규정으로는 '항공교통관제절차', '무선통신 매뉴얼' 등이 있습니다. 따라서 본 수험서에는 국제민간항공협정에 따른 우리나라의 규정과 그 부속서 원문을 함께 수록해 두었으니, 기출문제를 풀면서 참조하기 바랍니다.

곧 '전파공학', '통신보안'의 핵심 핸드북 뿐만 아니라 육상무선통신사 관련 수험서도 출간할 예정입니다. 부디 이 책이 항공무선통신사를 준비하는 수험생에게 많은 도움이 되길 바랍니다.

2023년 3월

자 율
(항공분야 변호사)

제1장 전파법규

Ⅰ. 전파법규 출제 분석 ··· 3

Ⅱ. 전파법 제1장 총칙 (★) (제1조 – 제4조) ··· 4

Ⅲ. 전파법 제3장 전파자원의 분배 및 할당 (제9조 – 제18의9조) ············· 9

Ⅳ. 전파법 제4장 전파자원의 이용
   1. 무선국 개설 허가 및 운용 관련 부분 (★★★) (제19조 – 제33조) ········· 11
   2. 무선국의 운용 등에 관한 규정 (★★★) (행정규칙) ································ 43
   3. 항공통신업무운영규정 (★★) (행정규칙) ·· 64

Ⅴ. 전파법 제5장 전파자원의 보호
   1. 무선설비 이용 관련 부분 (제45조 – 제58조) ··· 71
   2. 무선설비규칙 (★) (행정규칙) ··· 75
   3. 항공업무용 무선설비의 기술기준 (★) (행정규칙) ································· 81

Ⅵ. 전파법 제6장 전파의 진흥 (제59조 – 제69조) ································ 89

Ⅶ. 전파법 제7장 무선종사자 (★) (제70조 – 제71의2조) ····················· 91

Ⅷ. 전파법 제8장 보칙 (★) (제72조 – 제79조) ···································· 99

Ⅸ. 전파법 제9장 벌칙 (★) (제80조 – 제93조) ································· 109

Ⅹ. 국제법 및 기타 (★★) (ITU – RR, ICAO 조약) ····························· 114

제2장 영어

Ⅰ. 영어 과목 출제 분석 ··· 121

Ⅱ. 항공교통관제용어 (★★★)

   1. 국제민간항공협약에 따른 우리나라 규정
      가. 항공교통관제절차 ·· 122
      나. 무선통신매뉴얼 ·· 124
      다. 항공정보매뉴얼 ·· 127
   2. 국제민간항공협약 원문 : ANNEX 10. Vol 2. ······················ 134
   3. 기출문제 ··· 139

Ⅲ. 국제규정 (★★)
   1. ICAO 규정 ·· 161
   2. ITU-RR 규정 ·· 172

Ⅳ. 항공 기초 지식 (★) ··· 181

Ⅴ. 알파벳 및 숫자의 음성통화표 (★) ··· 191

Ⅵ. 일반적 영어 상식 (현행 출제기준에서 삭제됨) ··· 197

제3장 기출문제

Ⅰ. 전파법규 (최근 8개년 2022년 – 2015년) ···································· 205

Ⅱ. 영어 (최근 8개년 2022년 – 2015년) ··· 249

※ 저작권 공지

본 전자책은 저작권법에 의하여 보호를 받는 저작물입니다.
저자의 서면허락 없이는 어떠한 형태로든 본 전자책의 내용을 이용하지 못하며,
무단전재, 복제, 배포를 금합니다. 이를 위반 시 민·형사상의 법적 책임을 질 수 있습니다.

제1장
전파법규

I. 전파법규 출제 분석
II. 전파법 제1장 총칙 (★)
III. 전파법 제3장 전파자원의 분배 및 할당
IV. 전파법 제4장 전파자원의 이용 (★★★)
V. 전파법 제5장 전파자원의 보호 (★★)
VI. 전파법 제6장 전파의 진흥
VII. 전파법 제7장 무선종사자 (★)
VIII. 전파법 제8장 보칙 (★)
IX. 전파법 제9장 벌칙 (★)
X. 국제법 및 기타 (★★)

Ⅰ 전파법규 출제 분석 (최근 8개년 2022년 – 2015년 간의 총 11회 시험 220개 문제)

		세부 구분		비율
전파법 제1장 총칙		목적	2개	5%
		정의	10개	
전파법 제3장 전파자원의 분배 및 할당		주파수 (재)할당	2개	1%
전파법 제4장 전파자원의 이용	무선국 개설 허가 및 운용 관련 부분	무선국 개설 허가·신고·결격사유	7개	29%
		무선국·업무 분류	9개	
		전파형식·주파수 표시	7개	
		무선국 개설 절차· 유효기간·재허가·지위승계	18개	
		무선국 준공기한·정기검사	15개	
		무선국 운용·운용휴지	4개	
	무선국의 운용 등에 관한 규정	사용주파수·무선설비	7개	25%
		항공무선통신업무국 통칙	2개	
		항공이동업무국 운용	25개	
			12개	
	항공통신업무 운영규정	항공고정업무국 운용	8개	
전파법 제5장 전파자원의 보호	무선설비 이용 관련 부분	전자파 인체보호기준	2개	2%
		무선설비 임대·위탁운용·공동사용	3개	
	무선설비규칙	무선방위측정장치 보호	1개	5%
		안테나·수신설비·예비전원	10개	
	항공업무용 무선설비의 기술기준	정의·항공기국 무선설비	12개	5%
전파법 제6장 전파의 진흥		전파사용료	2개	1%
전파법 제7장 무선종사자		검시험면제·무선종사자 운용범위·부정행위자	6개	6%
		무선종사자 배치·경감	7개	
전파법 제8장 보칙		무선국 개설허가 취소	6개	7%
		비상사태시 장관 조치	4개	
		무선종사자 행정처분	2개	
		권한 위임·위탁	4개	
전파법 제9장 벌칙			10개	4%
국제법 및 기타			23개	10%

II. 전파법 제1장 총칙(제1조 – 제4조)

1. 전파법 목적

> **전파법 제1조(목적)**
> 이 법은 전파의 효율적이고 안전한 이용 및 관리에 관한 사항을 정하여 전파이용과 전파에 관한 기술의 개발을 촉진함으로써 전파 관련 분야의 진흥과 공공복리의 증진에 이바지함을 목적으로 한다.

2. 다음 중 전파법의 목적이 아닌 것은? (22년 1차)
   ① 전파이용과 전파에 관한 기술의 개발을 촉진
   ② 공공복리의 증진에 이바지
   ③ 전파 관련 분야의 진흥을 도모
   ❹ 국가간의 분쟁을 조정

6. 다음 중 전파법의 목적이 아닌 것은? (18년 1차)
   ① 전파의 효율적인 이용 및 관리
   ② 전파의 이용 및 전파에 관한 기술의 개발을 촉진
   ❸ 전파 관련 기관의 육성 및 지원
   ④ 공공복리의 증진에 이바지

2. 전파법 용어 정의 (★★★)

> **전파법 제2조(정의)**
> ①이 법에서 사용하는 용어의 뜻은 다음과 같다.
> 1. "**전파**"란 인공적인 유도(誘導) 없이 공간에 퍼져 나가는 전자파로서 국제전기통신연합이 정한 범위의 주파수를 가진 것을 말한다.
> 2. "**주파수분배**"란 특정한 주파수의 용도를 정하는 것을 말한다.
> 3. "**주파수할당**"이란 특정한 주파수를 이용할 수 있는 권리를 특정인에게 주는 것을 말한다.
> 4. "**주파수지정**"이란 허가나 신고로 개설하는 무선국에서 이용할 특정한 주파수를 지정하는 것을 말한다.
> 4의2. "주파수 사용승인"이란 안보 · 외교적 목적 또는 국제적 · 국가적 행사 등을 위하여 특정한 주파수의

사용을 허용하는 것을 말한다.
4의3. "주파수회수"란 주파수할당, 주파수지정 또는 주파수 사용승인의 전부나 일부를 철회하는 것을 말한다.
4의4. "주파수재배치"란 주파수회수를 하고 이를 대체하여 주파수할당, 주파수지정 또는 주파수 사용승인을 하는 것을 말한다.
4의5. "주파수 공동사용"이란 둘 이상의 주파수 이용자가 동일한 범위의 주파수를 상호 배제하지 아니하고 사용하는 것을 말한다.
5. "무선설비"란 전파를 보내거나 받는 전기적 시설을 말한다.
5의2. "무선통신"이란 전파를 이용하여 모든 종류의 기호·신호·문언·영상·음향 등의 정보를 보내거나 받는 것을 말한다.
6. "무선국(無線局)"이란 무선설비와 무선설비를 조작하는 자의 총체를 말한다. 다만, 방송수신만을 목적으로 하는 것은 제외한다.
7. "무선종사자"란 무선설비를 조작하거나 설치공사를 하는 사람으로서 제70조제2항에 따라 기술자격증을 발급받은 사람을 말한다.
8. "시설자"란 과학기술정보통신부장관으로부터 무선국의 개설허가를 받거나 과학기술정보통신부장관에게 개설신고를 하고 무선국을 개설한 자를 말한다.
9. "방송국"이란 공중(公衆)이 방송신호를 직접 수신할 수 있도록 할 목적으로 개설한 무선국을 말한다.
10. "우주국(宇宙局)"이란 인공위성에 개설한 무선국을 말한다.
11. "지구국(地球局)"이란 우주국과 통신을 하기 위하여 지구에 개설한 무선국을 말한다.
12. "위성망"이란 우주국과 지구국으로 구성된 통신망(위성주파수와 위성궤도를 포함한다. 이하 같다)의 총체를 말한다.
13. "위성궤도"란 우주국의 위치나 궤적(軌跡)을 말한다.
14. "전자파장해"란 전파를 발생시키는 기자재로부터 전자파가 방사(放射: 전자파에너지가 공간으로 퍼져 나가는 것을 말한다) 또는 전도[전도: 전자파에너지가 전원선(電源線)을 통하여 흐르는 것을 말한다]되어 다른 기자재의 성능에 장해를 주는 것을 말한다.
15. "전자파적합"이란 전자파장해를 일으키는 기자재나 전자파로부터 영향을 받는 기자재가 제47조의3 제1항에 따른 전자파장해 방지기준 및 보호기준에 적합한 것을 말한다.
16. "방송통신기자재"란 방송통신설비에 사용하는 장치·기기·부품 또는 선조(線條) 등을 말한다.
17. "전파환경"이란 인체, 기자재, 무선설비 등을 둘러싸고 있는 전파의 세기, 잡음 등 전자파의 총체적인 분포 상황을 말한다.

전파법 시행령 제2조(정의)
이 영에서 사용하는 용어의 뜻은 다음과 같다.
1. 삭제
2. "송신설비"란 전파를 보내는 설비로서 송신장치와 송신안테나계로 구성되는 설비를 말한다.
3. "수신설비"란 전파를 받는 설비로서 수신장치와 수신안테나계로 구성되는 설비를 말한다.
4. "송신장치"란 무선통신의 송신을 위한 고주파 에너지를 발생하는 장치와 이에 부가되는 장치를 말한다.
5. "송신안테나계"란 송신장치에서 발생하는 고주파 에너지를 공간에 복사하는 설비를 말한다.
6. "안테나공급전력"이란 안테나의 급전선(전파에너지를 전송하기 위하여 송신장치 또는 수신장치와 안테나 사이를 연결하는 선을 말한다)에 공급되는 전력을 말한다.

7. "실효복사전력(實效輻射電力)"이란 안테나공급전력에 주어진 방향에서의 반파장 다이폴 안테나의 상대이득(相對利得)을 곱한 것을 말한다.
8. "중파방송"이란 300킬로헤르츠(㎑)부터 3메가헤르츠(㎒)까지의 주파수대역 중 방송용으로 분배된 주파수의 전파를 이용하여 음성·음향 등을 보내는 방송을 말한다.
9. "단파방송"이란 3메가헤르츠(㎒)부터 30메가헤르츠(㎒)까지의 주파수대역 중 방송용으로 분배된 주파수의 전파를 이용하여 음성·음향 등을 보내는 방송을 말한다.
10. "초단파방송"이란 30메가헤르츠(㎒)부터 300메가헤르츠(㎒)까지의 주파수대역 중 방송용으로 분배된 주파수의 전파를 이용하여 음성·음향 등을 보내는 방송으로서 제11호 및 제12호의 방송에 해당하지 아니하는 방송을 말한다.
11. "텔레비전방송"이란 정지 또는 이동하는 사물의 순간적 영상과 이에 따르는 음성·음향 등을 보내는 방송을 말한다.
12. "데이터방송"이란 데이터와 이에 따르는 영상·음성·음향 등을 보내는 방송으로서 제8호부터 제11호까지의 방송에 해당하지 아니하는 방송을 말한다.
13. "방송구역"이란 방송을 양호하게 수신할 수 있는 구역으로서 전계강도(電界强度)가 과학기술정보통신부장관이 정하여 고시하는 기준 이상인 구역을 말한다.
14. "블랭킷에어리어"란 방송국의 송신안테나로부터 발사되는 강한 전파로 다른 전파와의 간섭이 일어나는 지역을 말한다. 이 경우 중파방송의 경우에는 지상파의 전계강도가 미터마다 1볼트 이상인 지역을 말한다.
15. "연주소"란 방송사항의 제작·편성 및 조정에 필요한 설비와 그 종사자의 총체를 말한다.
16. "무선측위(無線測位)"란 전파의 전파특성(傳播特性)을 이용하여 위치·속도 및 기타 사물의 특징에 관한 정보를 취득하는 것을 말한다.
17. "무선항행"이란 항행을 위하여 하는 무선측위를 말한다(장애물의 탐지를 포함한다).
18. "무선탐지"란 무선항행 외의 무선측위를 말한다.
19. "무선방향탐지"란 무선국 또는 물체의 방향을 결정하기 위하여 전파를 수신하여 하는 무선측위를 말한다.
20. "레이다"란 결정하려는 위치에서 반사 또는 재발사되는 무선신호와 기준신호와의 비교를 기초로 하는 무선측위 설비를 말한다.

4. 다음 중 전파와 관련된 용어의 설명으로 틀린 것은? (21년 4차)
① "무선설비"란 전파를 보내거나 받는 전기적 시설을 말한다.
❷ "무선국"이란 무선설비와 무선설비를 조작하는 시설자를 말한다. 다만, 방송수신만을 목적으로 하는 것은 제외한다.
③ "무선통신"이란 전파를 이용하여 모든 종류의 기호·신호·문언·영상·음향 등의 정보를 보내거나 받는 것을 말한다.
④ "시설자"란 과학기술정보통신부장관으로부터 무선국의 개설허가를 받거나 과학기술정보통신부장관에서 개설신고를 하고 무선국을 개설 한 자를 말한다.

제1장 전파법규

6. 다음은 전파법령에서 규정한 "레이다"의 정의이다. 괄호 안에 들어갈 낱말로 옳은 것은? (21년 4차)

> 결정하려는 위치에서 반사 또는 재발사되는 무선신호와 ( )신호와의 비교를 기초로 하는 무선측위 설비를 말한다.

① 발사
❷ 기준
③ 방송
④ 수신

1. 다음 중 전파법령에서 규정한 "안테나공급전력"의 정의로 옳은 것은? (20년 4차)
① 송신설비에서 공간으로 발사되는 전력
② 안테나에서 공간으로 발사되는 전력
❸ 안테나의 급전선에 공급되는 전력
④ 송신설비의 종단부에 공급되는 전력

4. 다음 중 전파와 관련된 용어의 설명으로 옳지 않은 것은? (19년 4차)
① 무선설비라 함은 전파를 보내거나 받는 전기적 시설을 말한다.
❷ 송신설비라 함은 송신장치에서 발생하는 고주파에너지를 공간에 복사하는 설비를 말한다.
③ 무선탐지라 한은 무선항행 외의 무선측위를 말한다.
④ 안테나 공급전력이란 안테나의 급전선에 공급되는 전력을 말한다.

19. 전파의 법률적 정의에서 괄호 안에 들어갈 단어로 알맞은 것은? (18년 4차)

> 인공적인 유도(誘導) 없이 공간에 퍼져 나가는 ( )로서 국제전기통신연합이 정한 범위의 ( )를 가진 것을 말한다.

① 전자기, 주파수
❷ 전자파, 주파수
③ 주파수, 전자기
④ 주파수, 전자파

3. 다음 중 전파법에서 규정하는 시설자의 정의로 맞는 것은? (17년 1차)
① 무선국의 허가를 신청하는자
② 무선설비를 조작하고 운용하는 자
③ 미래창조과학부장관으로부터 기술자격증을 받은자
❹ 미래창조과학부장관으로부터 무선국의 개설허가를 받거나 개설 신고를 하고 무선국을 개설한 자

7. 전파를 이용하여 모든 종류의 기호, 신호, 문언, 영상, 음향 등의 정보를 보내거나 받는 것을 무엇이라 하는가? (17년 1차)
   ① 전파통신
   ❷ 무선통신
   ③ 종합통신
   ④ 다중통신

1. 특정한 주파수를 이용할 수 있는 권리를 특정인에게 부여하는 것을 무엇이라 하는가? (16년 1차)
   ① 주파수지정
   ② 주파수배치
   ❸ 주파수할당
   ④ 주파수분배

1. 다음 중 전파법에서 규정하는 시설자의 정의로 맞는 것은? (15년 4차)
   ① 무선국의 허가를 신청하는 자
   ② 무선설비를 조작하고 운용하는 자
   ③ 미래창조과학부장관으로부터 기술자격증을 받은 자
   ❹ 미래창조과학부장관으로부터 무선국의 개설허가를 받거나 개설신고를 하고 무선국을 개설한 자

1. 전파의 전파특성을 이용하여 위치·속도 및 기타 사물의 특징에 관한 정보를 취득하는 것을 무엇이라 하는가? (15년 1차)
   ① 무선탐지
   ❷ 무선측위
   ③ 무선항행
   ④ 무선방향탐지

III. 전파법 제3장 전파자원의 분배·할당(제9조 – 제18의9조)

1. 주파수 할당

> **전파법 제15조(할당받은 주파수의 이용기간)**
> ① 과학기술정보통신부장관은 주파수의 이용여건 등을 고려하여 제11조에 따라 할당[대가할당]하는 주파수는 20년의 범위에서, 제12조에 따라 할당[심사할당]하는 주파수는 10년의 범위에서 그 이용기간을 정하여야 한다.
> ② 제1항에 따른 이용기간이 지나면 할당받은 주파수를 이용할 수 있는 권리가 소멸된다.
> ③ 제14조제2항에 따라 양수한 주파수의 이용기간은 제1항에 따른 이용기간 중 남은 기간으로 한다.

4. 대가할당 받은 주파수의 경우 미래창조과학부장관은 주파수의 이용여건 등을 고려하여 얼마의 범위 내에서 이용기간을 정하여 고시하는가? (15년 4차)
   ① 3년
   ② 10년
   ❸ 20년
   ④ 30년

2. 주파수 재할당

> **전파법 제16조(재할당)**
> ① 과학기술정보통신부장관은 이용기간이 끝난 주파수를 이용기간이 끝날 당시의 주파수 이용자에게 재할당할 수 있다. 다만, 다음 각 호의 어느 하나에 해당하는 경우에는 그러하지 아니하다.
> 1. 주파수 이용자가 재할당을 원하지 아니하는 경우
> 2. 해당 주파수를 국방·치안 및 조난구조용으로 사용할 필요가 있는 경우
> 3. 국제전기통신연합이 해당 주파수를 다른 업무 또는 용도로 분배한 경우
> 4. 제10조제4항에 따른 조건을 위반한 경우
>
> **전파법 시행령 제18조(재할당)**
> ① 법 제16조제1항 본문에 따라 주파수할당을 받은 자가 주파수이용기간이 만료되어 주파수재할당을 받으려면 주파수이용기간 만료 6개월 전에 재할당신청을 하여야 한다.

7. 주파수할당을 받은 자가 주파수이용기간이 만료되어 주파수재할당을 받으려면 주파수이용기간 만료 몇 개월 전에 신청하여야 하는가? (15년 4차)
   ① 1개월
   ② 2개월
   ❸ 6개월
   ④ 8개월

Ⅳ. 전파법 제4장 전파자원의 이용

1. 무선국 개설 허가 및 운용 관련 부분(제19조 – 제33조)

가. 무선국 개설 허가

> **전파법 제19조(허가를 통한 무선국 개설 등)**
> ① 무선국을 개설하려는 자는 대통령령으로 정하는 바에 따라 과학기술정보통신부장관의 허가를 받아야 한다. 허가받은 사항 중 대통령령으로 정하는 사항을 변경하려는 경우에도 또한 같다.
> ② 제1항 전단에도 불구하고 「전기통신사업법」 제2조제6호에 따른 전기통신역무를 제공받기 위한 무선국으로서 대통령령으로 정하는 무선국을 개설하려는 자가 해당 전기통신역무를 제공하는 자와 이용계약을 체결하였을 때에는 그 무선국은 과학기술정보통신부장관의 허가를 받은 것으로 본다. 이 경우 제1항 후단, 제22조, 제24조, 제25조의2 및 제69조제1항제2호는 적용하지 아니한다.
> ③ 전기통신사업자는 제2항에 따른 무선국을 개설하려는 자와 이용계약을 체결하였을 때에는 대통령령으로 정하는 바에 따라 신규로 이용계약을 체결한 가입자의 수와 전체 가입자의 수를 과학기술정보통신부장관에게 통보하여야 한다.
> ④ 삭제
> ⑤ 제1항에도 불구하고 대통령령으로 정하는 바에 따라 과학기술정보통신부장관으로부터 주파수 사용승인을 받은 자는 무선국을 개설할 수 있다.

14. 무선국을 개설하고자 하는 자는 누구에게 허가를 얻어야 하는가? (17년 1차)
    ① 산업자원부장관
    ❷ 미래창조과학부장관
    ③ 국립전파연구원장
    ④ 국토교통부장관

나. 무선국 개설 신고 (★)

전파법 제19조의2(신고를 통한 무선국 개설 등)
① 제19조제1항에도 불구하고 다음 각 호의 어느 하나에 해당하는 무선국으로서 국가 간, 지역 간 전파혼신 방지 등을 위하여 주파수 또는 안테나공급전력을 제한할 필요가 없다고 인정되거나 인명안전 등을 목적으로 개설하는 것이 아닌 무선국 등 대통령령으로 정하는 무선국을 개설하려는 자는 과학기술정보통신부장관에게 신고하여야 한다. 신고한 사항 중 대통령령으로 정하는 사항을 변경하려는 경우에도 또한 같다.
1. 발사하는 전파가 미약한 무선국이나 무선설비의 설치공사를 할 필요가 없는 무선국
2. 수신전용의 무선국
3. 제11조 또는 제12조에 따라 주파수할당을 받은 자가 전기통신역무 등을 제공하기 위하여 개설하는 무선국
4. 「방송법」 제2조제1호라목에 따른 이동멀티미디어방송을 위하여 개설하는 무선국
② 제1항에도 불구하고 발사하는 전파가 미약한 무선국 등으로서 대통령령으로 정하는 무선국은 과학기술정보통신부장관에게 신고하지 아니하고 개설할 수 있다.

전파법 시행령 제24조(신고하고 개설할 수 있는 무선국)
① 법 제19조의2제1항제1호 및 제2호에 따라 신고하고 개설할 수 있는 무선국은 다음 각 호의 어느 하나에 해당하는 무선기기를 사용하는 무선국으로 한다.
1. 간이무선국용 무선설비 중 휴대용 무선기기. 다만, 차량·선박 등 이동체에 설치하는 경우는 제외한다.
2. 전파천문업무를 하는 수신전용 무선기기
3. 이동국·육상이동국용 무선설비 중 휴대용 무선기기. **다만, 차량·선박 등 이동체에 설치하는 경우는 제외한다.**
4. 다른 일반지구국으로부터 주파수, 출력, 전파형식 등 송신의 제어를 받는 일반지구국의 무선기기
② 법 제19조의2제1항제3호에 따라 신고하고 개설할 수 있는 무선국은 다음 각 호의 어느 하나에 해당하는 무선국을 말한다.
1. 「전기통신사업법」 제2조제11호 본문에 따른 기간통신역무를 제공하기 위한 무선국 중 다음 각 목의 어느 하나에 해당하는 무선국
   가. **이동통신**
   나. 휴대인터넷
   다. 위치기반서비스
   라. 무선데이터통신
   마. 서비스제공지역이 전국인 주파수공용통신 및 무선호출
   바. 그 밖에 국가간·지역간 전파혼신 방지 등을 위하여 과학기술정보통신부장관이 무선국의 설치장소, 운영시간, 주파수 또는 안테나공급전력 등을 제한할 필요가 없다고 인정하여 고시하는 무선국
2. 「방송법」 제2조제2호나목에 따른 종합유선방송사업을 하기 위한 무선국 또는 같은 조 제13호에 따른 전송망사업을 하기 위한 무선국
③ 법 제19조의2제1항제4호에 따라 신고하고 개설할 수 있는 무선국은 다음 각 호의 어느 하나에 해당하는 무선국을 말한다.

> 1. 위성방송보조국
> 2. 지하·터널내에 개설하는 지상파방송보조국
>
> **전파법 시행령 제25조(신고하지 아니하고 개설할 수 있는 무선국)**
> 법 제19조의2제2항에서 "대통령령으로 정하는 무선국"이란 다음 각 호의 어느 하나에 해당하는 무선기기를 사용하는 무선국을 말한다.
> 1. 표준전계발생기·헤테르다인방식 주파수 측정장치, 그 밖의 **측정용 소형발진기**
> 2. 법 제58조의2제1항에 따른 적합성평가(이하 **"적합성평가"라 한다)를 받은** 무선기기로서 개인의 일상생활에 자유로이 사용하기 위하여 과학기술정보통신부장관이 정한 주파수를 이용하여 개설하는 **생활무선국용 무선기기**
> 3. **제24조제1항제2호에 따른 무선기기 외의 수신전용 무선기기**
> 4. 적합성평가를 받은 무선기기로서 다른 무선국의 통신을 방해하지 아니하는 출력의 범위에서 사용할 목적으로 과학기술정보통신부장관이 용도 및 주파수와 안테나공급전력 또는 전계강도 등을 정하여 고시하는 무선기기

11. 다음 중 허가 또는 신고하지 아니하고 개설할 수 있는 무선국은? (22년 1차)
① 항공기에 설치되는 레이다 설비
② 항공기용 비상위치지시용 무선표지설비
❸ 항공관제탑에 설치되는 수신전용 무선기기를 사용하는 무선국
④ 항공기에 설치되는 송수신기

6. 다음 중 무선종사자에 한하여 운용할 수 있는 무선기기는? (22년 1차)
① 적합성평가를 받은 생활무선국용 무선기기
② 측정용 소형발진기
③ 항공기에 설치되는 항행안전용 수신전용 무선기기
❹ 아마추어용 무선기기

10. 신고하고 개설할 수 있는 무선국에 해당하는 것은? (16년 1차)
① 방송사 소속 기지국
② 어선의 선박국
③ 지방자치단체 소속 기지국
❹ 이동통신(셀룰러, PCS, IMT2000) 기지국 및 이동중계국

다. 무선국 개설 결격사유 (★)

전파법 제20조(무선국 개설의 결격사유)
① 다음 각 호의 어느 하나에 해당하는 자는 무선국을 개설할 수 없다. 다만, 제19조제2항, 제19조의2제1항제1호·제2호 및 같은 조 제2항에 따라 개설하는 것은 그러하지 아니하다.
1. 대한민국의 국적을 가지지 아니한 자
2. 외국정부 또는 그 대표자
3. 외국의 법인 또는 단체
4. 이 법을 위반하여 금고 이상의 실형을 선고받고 그 집행이 끝나거나 집행을 받지 아니하기로 확정된 날부터 3년이 지나지 아니한 자
5. 이 법을 위반하여 금고 이상의 형의 집행유예를 선고받고 그 유예기간 중에 있는 자
6. 「형법」 중 내란의 죄와 외환의 죄, 「군형법」 중 이적의 죄 또는 「국가보안법」을 위반한 죄를 저질러 실형을 선고받고 그 형의 집행이 끝나거나 집행을 받지 아니하기로 확정된 날부터 3년이 지나지 아니한 자
7. 제72조제2항에 따라 무선국 개설허가의 취소나 개설신고된 무선국의 폐지 명령을 받고 그 사유가 없어지지 아니한 자
8. 대표자가 제4호부터 제7호까지의 규정 중 어느 하나에 해당하는 법인 또는 단체
② 제1항제1호부터 제3호까지의 규정은 다음 각 호의 어느 하나에 해당하는 무선국에 대하여는 적용하지 아니한다.
1. 실험국(과학이나 기술발전을 위한 실험에만 사용하는 무선국을 말한다. 이하 같다)
2. 「선박안전법」, 「어선법」 또는 「수상레저안전법」에 따른 선박의 무선국
3. 「항공안전법」 제101조 단서 및 「항공사업법」 제55조에 따른 허가를 받아 국내항공에 사용되는 항공기의 무선국
4. 다음 각 목의 어느 하나에 해당하는 무선국으로서 대한민국의 정부·대표자 또는 국민에게 자국(自國)에서 무선국 개설을 허용하는 국가의 정부·대표자 또는 국민에게 그 국가가 허용하는 무선국과 같은 종류의 무선국
   가. 대한민국에서 해당 국가의 외교와 영사 업무를 하는 대사관 등의 공관에서 특정 지점 간의 통신을 위하여 공관 안에 개설하는 무선국
   나. 아마추어국(개인적으로 무선기술에 흥미를 가지고 자기훈련과 기술연구에만 사용하는 무선국을 말한다. 이하 같다)
   다. 육상이동 업무를 하는 무선국으로서 대통령령으로 정하는 것
5. 국내에서 열리는 국제적 또는 국가적인 행사를 위하여 필요한 경우 그 기간에만 과학기술정보통신부장관이 허용하는 무선국
6. 아마추어국으로서 다음 각 목의 어느 하나에 해당하는 자가 개설하는 무선국
   가. 제70조에 따라 대한민국의 아마추어무선기사 자격을 취득한 자
   나. 대한민국에 잠시 머무르는 동안 무선국을 운용하려는 자(자국에서 아마추어무선기사 자격을 취득한 자에 한정한다)로서 과학기술정보통신부장관이 지정하는 단체의 추천을 받은 자
7. 대한민국에 들어오거나 대한민국에서 나가는 항공기나 선박에서 전기통신역무를 제공하기 위하여 해당 항공기 또는 선박 안에 개설하는 무선국

10. 다음 중 무선국 개설의 결격사유에 해당되지 않는 것은? (21년 4차)
   ① 대한민국의 국적을 가지지 아니한 자가 항공국을 개설하고자 하는 경우
   ② 외국정부 또는 그 대표자가 육상국을 개설하고자 하는 경우
   ③ 외국의 법인 또는 단체가 해안국을 개설하고자 하는 경우
   ❹ 과학이나 기술발전을 위한 실험만 사용하는 실험국을 개설하는 경우

6. 전파법을 위반하여 금고 이상의 실형을 선고 받고 그 집행이 종료된 날부터 최소 몇 년이 경과하여야 무선국을 개설할 수 있는가? (16년 1차)
   ① 1년 6개월
   ② 2년
   ③ 2년 6개월
   ❹ 3년

12. 다음 중 외국인이 개설할 수 있는 무선국이 아닌 것은? (15년 1차)
   ① 실험국
   ❷ 공중통신업무를 위한 고정국
   ③ 항공법에 의한 허가를 받아 국내항공에 사용되는 항공기의 무선국
   ④ 국내에서 열리는 국제적 행사를 위하여 필요한 경우 그 기간에만 미래창조과학부장관이 허용하는 무선국

라. 무선국 업무 분류 (★★)

> **전파법 제20조의2(무선국의 개설조건)**
> ③ 무선국이 하는 업무와 무선국의 분류에 관한 것은 대통령령으로 정한다.
>
> **전파법 시행령 제28조(업무의 분류)**
> ①법 제20조의2제3항에 따라 무선국이 하는 업무는 다음 각 호와 같이 분류한다.
> 1. 고정업무: 일정한 고정지점 간의 무선통신업무
> 2. 방송업무
>   가. 지상파방송업무: 공중이 직접 수신하도록 할 목적으로 지상의 송신설비를 이용하여 송신하는 무선통신업무
>   나. 위성방송업무: 공중이 직접 수신하도록 할 목적으로 인공위성의 송신설비를 이용하여 송신하는 무선통신업무
>   다. 지상파방송보조업무: 지상파방송의 난시청을 해소할 목적으로 지상의 송신설비를 이용하여 지상파방송 신호를 중계하는 무선통신업무

라. 위성방송보조업무: 위성방송의 난시청을 해소할 목적으로 지상의 송신설비를 이용하여 위성방송신호를 중계하는 무선통신업무
3. 육상이동업무: 기지국과 육상이동국 간, 육상이동국 상호 간 또는 이동중계국의 중계에 의한 이들 상호 간의 무선통신업무
4. 해상이동업무: 선박국과 해안국 간, 선박국 상호 간 또는 선상통신국 상호 간의 무선통신업무[구명부기국 및 비상위치지시용(위성)무선표지국이 하는 업무를 포함한다]
5. 항공이동업무: 항공기국과 항공국 간 또는 항공기국 상호 간의 무선통신업무[구명부기국 및 비상위치지시용(위성)무선표지국이 하는 업무를 포함한다]
6. 이동업무: 이동국과 육상국 간, 이동국 상호 간 또는 이동중계국의 중계에 의한 이들 상호 간의 무선통신업무
7. 무선측위업무: 무선측위를 위한 다음 각 목의 무선통신업무
   가. 무선항행업무: 무선항행을 위한 무선측위업무
      1) 해상무선항행업무: 선박을 위한 무선항행업무
      2) 항공무선항행업무: 항공기를 위한 무선항행업무
      3) 무선표지업무: 이동체에 개설한 무선국에 대하여 전파를 발사하여 그 전파발사 위치에서의 방향 또는 방위를 그 무선국이 결정하게 할 수 있도록 하기 위한 무선항행업무
   나. 무선탐지업무: 무선항행업무 외의 무선측위업무
8. 기상원조업무: 기상(氣象) 및 수상(水象)의 관측과 조사를 위한 무선통신업무
9. 표준주파수 및 시보업무: 과학·기술, 그 밖의 목적을 위하여 공중이 수신 가능하도록 높은 정확도를 가진 표준주파수 및 시각정보를 송신하는 무선통신업무
10. 무선조정업무: 무선에 의한 원격조정을 하는 업무
11. 무선조정이동업무: 무선조정국과 무선조정이동국 간, 무선조정이동국 상호 간 또는 무선조정중계국의 중계에 의한 이들 상호 간의 무선통신업무
12. 아마추어업무: 금전상의 이익을 목적으로 하지 아니하고 개인적인 무선기술의 흥미에 따라 하는 자기훈련과 기술연구 목적의 통신업무
13. 비상통신업무: 지진·태풍·홍수·해일·눈피해[雪害]·화재, 그 밖의 비상사태가 발생하거나 발생할 우려가 있는 경우에 인명구조·재해구호·교통통신의 확보 또는 질서유지를 위하여 하는 무선통신업무
14. 우주무선통신업무: 우주국·수동위성 또는 우주 내에 있는 그 밖의 물체를 이용하여 하는 무선통신업무
15. 고정위성업무: 우주국을 이용하여 특정한 고정지점의 지구국 상호 간의 우주무선통신업무
16. 육상이동위성업무: 우주국과 육상이동지구국 간, 우주국을 이용하는 육상이동지구국 상호 간 또는 우주국을 이용하는 일정한 고정지점의 지구국과 육상이동지구국 간의 우주무선통신업무
17. 해상이동위성업무: 우주국과 선박지구국 간, 우주국을 이용하는 선박지구국 상호 간 또는 우주국을 이용하는 일정한 고정지점의 지구국과 선박지구국 간의 우주무선통신업무(구명부기국 및 비상위치지시용위성무선표지국이 하는 업무를 포함한다)
18. 항공이동위성업무: 우주국과 항공기지구국 간, 우주국을 이용하는 항공기지구국 상호 간 또는 우주국을 이용하는 일정한 고정지점의 지구국과 항공기지구국 간의 우주무선통신업무(구명부기국 및 비상위치지시용위성무선표지국이 하는 업무를 포함한다)
19. 이동위성업무: 우주국과 이동지구국 간, 우주국을 이용하는 이동지구국 상호 간, 우주국을 이용하는 일정한 고정지점의 지구국과 이동지구국 간 또는 우주국 상호 간의 우주무선통신업무

> 20. 무선측위위성업무: 우주국을 이용하여 무선측위를 하는 우주무선통신업무
> 21. 표준주파수 및 시보 위성업무: 우주국을 이용하여 표준주파수 및 시각정보를 보내는 우주무선통신업무
> 22. 전파천문업무: 전파를 이용하여 하는 천문업무
> ② 과학기술정보통신부장관은 전파자원의 이용 및 전파이용에 관한 기술개발을 촉진하기 위하여 필요한 경우에는 주파수의 이용현황 등을 고려하여 제1항 각 호에서 정한 무선국의 업무 외에 무선국의 업무를 정하여 고시할 수 있다.

7. 항공기국과 항공국 간 또는 항공기국 상호 간의 무선통신업무를 무엇이라 하는가? (20년 4차)
   ① 항공고정업무
   ② 항공무선항행업무
   ❸ 항공이동업무
   ④ 항공업무

4. 항공기국과 항공국간 또는 항공기국 상호간의 무선통신업무를 무엇이라 하는가? (18년 1차)
   ① 항공무선항행업무
   ❷ 항공이동업무
   ③ 항공무선통신업무
   ④ 항공무선조정업무

1. 다음 중 무선측위업무가 아닌 것은? (17년 1차)
   ① 무선표지업무
   ② 무선항행업무
   ❸ 표준주파수업무
   ④ 무선탐지업무

6. 다음 중 무선측위업무가 아닌 것은? (15년 4차)
   ① 무선방향탐지업무
   ② 무선항행업무
   ❸ 표준주파수업무
   ④ 무선탐지업무

13. '항공이동위성업무'란 무엇인가? (15년 1차)
    ① 선박에 설치된 이동지구국이 행하는 이동위성업무이다.
    ② 항공기에 설치된 이동지구국이 행하는 무선항해위성업무이다.
    ③ 차량에 설치된 이동지구국이 행하는 이동위성업무이다.
    ❹ 항공기에 설치된 이동지구국이 행하는 이동위성업무이다.

마. 무선국 분류 (★)

전파법 제20조의2(무선국의 개설조건)
③ 무선국이 하는 업무와 무선국의 분류에 관한 것은 대통령령으로 정한다.

전파법 시행령 제29조(무선국의 분류)
① 법 제20조의2제3항에 따라 무선국은 다음 각 호와 같이 분류한다.
1. 고정국: 고정업무를 하는 무선국
2. 방송국
   가. 지상파방송국: 지상파방송업무를 하는 무선국
   나. 위성방송국: 위성방송업무를 하는 무선국
   다. 지상파방송보조국: 지상파방송보조업무를 하는 무선국
   라. 위성방송보조국: 위성방송보조업무를 하는 무선국
3. 육상이동국: 육상(하천이나 그 밖에 이에 준하는 수역을 포함한다)에서 육상이동업무를 하는 무선국
4. 선박국: 선박에 개설하여 해상이동업무를 하는 무선국
5. 선상통신국: 선박의 선내통신, 구명정의 구조훈련 또는 구조작업이 이루어지는 때의 선박과 그 구명정이나 구명뗏목 간의 통신, 끄는 배와 끌리는 배 또는 미는 배와 밀리는 배로 구성되는 선단(船團) 내의 통신과 밧줄연결 및 계류지시를 목적으로 해상이동업무를 하는 저전력의 무선국
6. 구명부기국: 구명정·구명복, 그 밖의 구명설비에 개설하여 해상이동(위성)업무 또는 항공이동(위성)업무를 하는 무선국
7. 항공기국: 항공기에 개설하여 항공이동업무를 하는 무선국
8. 이동국: 이동체에 개설하거나 휴대하여 이동업무를 행하는 무선국으로서 육상이동국·선박국·선상통신국·구명부기국 및 항공기국에 해당하지 아니하는 무선국
9. 기지국: 육상이동국과의 통신 또는 이동중계국의 중계에 의한 통신을 하기 위하여 육상의 일정한 고정지점에 개설하는 무선국. 다만, 재난상황 또는 심각한 통신장애 등에 대비하기 위하여 이동체에 개설하거나 휴대 가능한 형태로 개설하는 무선국을 포함한다.
10. 해안국: 선박국과 통신을 하기 위하여 육상의 일정한 고정지점에 개설하는 무선국
11. 항공국: 항공기국과 통신을 하기 위하여 육상의 일정한 고정지점에 개설하는 무선국. 다만, 선박상 또는 지구위성상에 개설하는 경우에는 이동하는 무선국을 포함한다.

12. 육상국: 육상의 일정한 고정지점에 개설하여 이동업무를 하는 무선국으로서 기지국·해안국·항공국 및 이동중계국에 해당하지 아니하는 무선국. 다만, 재난상황 또는 심각한 통신장애 등에 대비하기 위하여 이동체에 개설하거나 휴대 가능한 형태로 개설하는 무선국을 포함한다.
13. **이동중계국**: 기지국과 육상이동국, 육상국과 이동국, 육상이동국 상호 간 및 이동국 상호 간의 통신을 중계하기 위한 다음 각 목의 어느 하나에 해당하는 무선국
    가. 육상의 일정한 고정 지점에 개설하는 무선국
    나. 선박에 개설하는 무선국
    다. 자동차에 개설하여 육상의 일정하지 아니한 지점에서 정지 중에 운용하는 무선국
14. 무선항행육상국: 무선항행업무를 하는 이동하지 아니하는 무선국
15. 무선항행이동국: 무선항행업무를 하는 이동하는 무선국
16. 무선표지국: 무선표지업무를 하는 무선국
17. 비상위치지시용무선표지국: 탐색과 구조작업을 쉽게 하기 위하여 비상위치지시용 무선표지설비만을 사용하여 전파를 발사하는 무선표지국
18. 무선탐지육상국: 무선탐지업무를 하는 이동하지 아니하는 무선국
19. 무선탐지이동국: 무선탐지업무를 하는 이동하는 무선국
20. 무선방향탐지국: 무선방향탐지를 하는 무선국
21. 무선측위국: 무선측위업무를 하는 무선국으로서 무선항행육상국·무선항행이동국·무선표지국·비상위치지시용무선표지국·무선탐지육상국·무선탐지이동국 및 무선방향탐지국에 해당하지 아니하는 무선국
22. 기상원조국: 기상원조업무를 하는 무선국
23. 표준주파수 및 시보국: 표준주파수 및 시보업무를 하는 무선국
24. 무선조정국: 무선조정업무 및 무선조정이동업무를 하는 무선국
25. 무선조정이동국: 이동체에 개설하여 무선조정이동업무를 하는 무선국
26. 무선조정중계국: 무선조정국과 무선조정이동국 간, 무선조정이동국 상호 간의 무선통신을 중계하는 다음 각 목의 어느 하나에 해당하는 무선국
    가. 육상의 일정한 고정지점에 개설한 무선국
    나. 이동체에 개설하여 이동 중 또는 일정하지 아니한 지점에서 정지 중에 운용하는 무선국
27. **아마추어국**: 개인적인 무선기술에의 흥미에 따라 자기훈련과 기술연구에 전용하는 무선국
28. 비상국: 비상통신업무만을 하는 것을 목적으로 개설하는 무선국
29. **우주국**: 인공위성에 개설하여 위성방송업무 외의 우주무선통신업무를 하는 무선국
30. 일반지구국: 육상의 일정한 고정 지점에 개설하여 고정위성업무 또는 위성방송업무를 하는 지구국
31. 기지지구국: 육상의 일정한 고정 지점에 개설하여 육상이동위성업무를 하는 지구국
32. 해안지구국: 육상의 일정한 고정 지점에 개설하여 해상이동위성업무를 하는 지구국
33. **항공지구국**: 육상의 일정한 고정 지점에 개설하여 항공이동위성업무를 하는 지구국
34. 육상지구국: 육상의 일정한 고정 지점에 개설하여 이동위성업무를 하는 지구국으로서 기지지구국·해안지구국 및 항공지구국에 해당하지 아니하는 지구국
35. 육상이동지구국: 육상(하천이나 그 밖에 이에 준하는 수역을 포함한다)의 이동체에 개설하거나 휴대하여 육상이동위성업무를 하는 지구국

> 36. 선박지구국: 선박에 개설하여 해상이동위성업무를 하는 지구국
> 37. 항공기지구국: 항공기에 개설하여 항공이동위성업무를 하는 지구국
> 38. 이동지구국: 이동체에 개설하거나 휴대하여 이동위성업무를 하는 지구국으로서 육상이동지구국·선박지구국 및 항공기지구국에 해당하지 아니하는 지구국
> 39. 비상위치지시용위성무선표지국: 위성을 이용하는 비상위치지시용무선표지국
> 40. 전파천문국: 전파천문업무를 하는 무선국
> 41. 실험국: 과학 또는 기술의 발전을 위한 실험에 전용하는 무선국
> 42. 실용화시험국: 해당 무선통신업무를 실용에 옮길 목적으로 시험적으로 개설하는 무선국
> 43. 간이무선국: 일정 지역에서 간단한 업무연락을 위하여 사용할 목적으로 과학기술정보통신부장관이 정하여 고시한 전파형식·주파수 및 안테나공급전력 등의 기준에 적합한 무선국
> ② 과학기술정보통신부장관은 전파자원의 이용 및 전파이용에 관한 기술개발을 촉진하기 위하여 필요한 경우에는 제1항 각 호에서 정한 무선국 외에 무선국을 정하여 고시할 수 있다.

5. 다음 중 전파법령에서 규정한 무선국의 분류에 속하지 않는 것은? (21년 4차)
   ① 항공기지구국
   ② 아마추어국
   ❸ 방송수신국
   ④ 우주국

5. 항공지구국의 정의로 옳은 것은? (21년 1차)
   ① 항공기에 개설하여 항공이동위성업무를 하는 이동지구국
   ② 항공기에 개설하여 해상이동위성업무를 하는 이동지구국
   ❸ 육상의 일정한 고정지점에 개설하여 항공이동위성업무를 하는 지구국
   ④ 육상의 일정한 고정지점에 개설하여 해상이동위성업무를 하는 지구국

5. 기지국과 육상이동국, 육상국과 이동국, 육상이동국 상호간 및 이동국 상호간의 통신을 중계하기 위하여 설치하는 무선국을 무엇이라 하는가? (18년 4차)
   ① 이동국
   ❷ 이동중계국
   ③ 기지국
   ④ 육상국

7. 항공기에 개설하여 항공이동위성업무를 행하는 이동지구국은? (16년 1차)
   ① 항공국
   ② 항공기국
   ③ 항공지구국
   ❹ 항공기지구국

바. 전파형식의 표시 (★★)

> **전파법 시행령 제29조의2(전파형식의 표시 등)**
> 전파형식의 표시는 별표 4에 따르고, 주파수의 표시는 별표 5에 따른다.

■ 전파법 시행령 [별표 4]

전파형식의 표시(제29조의2 관련)

전파발사는 필요주파수대폭과 그 등급에 따라 다음 표와 같이 표시한다.

구분	필요주파수대폭 및 특성	문자 및 기호
2. 등급 : 발사전파는 기본 특성에 따른 등급과 기호로 표시하되, 보다 완벽한 기술을 표시하기 위하여 취사형 추가 특성을 첨가 사용할 수 있다.	1. 기본 특성 가. 첫째 기호: 주반송파의 변조형식 (1) 무변조반송파의 발사	N
	(2) 주반송파가 진폭변조(부반송파의 각이 변조된 경우를 포함한다. 이하 같다)된 발사	
	(가) 양측파대	A
	(나) 단측파대의 전반송파	H
	(다) 단측파대의 저감 또는 가변레벨반송파	R
	(라) 단측파대의 억압반송파	J
	(마) 독립측파대	B
	(바) 잔류측파대	C
	(3) 주반송파의 각이 변조된 발사전파	
	(가) 주파수변조	F
	(나) 위상변조	G
	(4) 주반송파가 동시 또는 미리 정하여진 순서중 하나의 방식에 따라 진폭과 각이 변조된 발사전파	D

구분	필요주파수대폭 및 특성	문자 및 기호
	(5) 펄스발사[주반송파가 퀀타이즈(펄스부호변조 등을 말한다. 이하 같다) 형식으로 부호화된 신호에 따라 직접 변조된 발사는 (2) 및 (3)에 따라 표시하여야 한다]	
	(가) 무변조 연속펄스	P
	(나) 연속펄스	
	1) 진폭변조된 것	K
	2) 폭(기간)이 변조된 것	L
	3) 위치(위상)가 변조된 것	M
	4) 반송파가 펄스기간 중 각이 변조된 것	Q
	5) 위 변조된 펄스의 조합 또는 다른 방법에 따라 발생된 것	V
	(6) (1)부터 (5)까지 규정된 것 외의 경우로서 주반송파가 진폭각 및 펄스 중 둘 이상이 조합되어 동시 또는 미리 정하여진 순서 중 하나의 방식에 따라 변조된 것	W
	(7) (1)부터 (6)까지 규정된 것 외에 변조된 것	X
	나. 둘째 기호: 주반송파를 변조시키는 신호의 특성	
	(1) 무변조신호	0
	(2) 변조용 부반송파(시분할다중방식을 제외한다. 이하 같다)를 사용하지 아니하고 퀀타이즈 또는 디지털정보를 포함하는 단일채널	1
	(3) 변조용 부반송파를 사용한 퀀타이즈 또는 디지털정보를 포함하는 단일채널	2
	(4) 아날로그정보를 포함하는 단일채널	3
	(5) 퀀타이즈 또는 디지털정보를 포함하는 둘 이상의 채널	7
	(6) 아날로그정보를 포함하는 둘 이상의 채널	8
	(7) 퀀타이즈 또는 디지털정보를 포함하는 하나 이상의 채널에 아날로그정보를 포함하는 하나 이상의 채널과의 조합방식	9
	(8) (1)부터 (7)까지 규정된 것 외의 방식 및 채널	X
	다. 셋째 기호: 송신할 정보(표준주파수발사·지속파 및 펄스데이터등과 같은 일정한 불변특성의 정보를 제외한다) 형태	
	(1) 정보송출이 없는 것	N
	(2) 전신: 가청수신용	A
	(3) 전신: 자동수신용	B
	(4) 팩시밀리	C
	(5) 데이터전송·텔레메트리·텔레코멘트	D
	(6) 전화(음성방송을 포함한다)	E
	(7) 텔레비전(영상)	F
	(8) (1)부터 (7)까지의 조합	W

구분	필요주파수대폭 및 특성	문자 및 기호
	(9) (1)부터 (8)까지 규정된 것 외의 정보형태	X
	라. 첫째 기호, 둘째 기호 및 셋째 기호에 있어서 지정된 필요주파수대폭이 그로 인하여 증대되지 아니할 경우 단기간 및 식별 또는 호출용 등 부수목적용으로만 사용된 변조는 무시할 수 있다.	
	2. 취사형 추가적 특성	
	가. 넷째 기호: 신호의 항목	
	(1) 상이한 수 또는 기간의 소자로 된 2조건 부호	A
	(2) 오자 정정장치가 없고 동일한 수와 기간의 소자로 된 2조건 부호	B
	(3) 오자 정정장치가 있고 동일한 수와 기간의 소자로 된 2조건 부호	C
	(4) 4조건 부호로서 각각의 조건이 신호소자(1이상의 비트. 이하 같다)를 표시한 것	D
	(5) 다중조건부호로서 각각의 조건이 신호소자를 표시한 것	E
	(6) 다중조건부호로서 각각의 조건 또는 조건의 조합이 한 문자로 표시된 것	F
	(7) 음성방송(모노포닉)	G
	(8) 음성방송(스트레오 또는 콰트라포닉)	H
	(9) 상용음성[(10) 및 (11)의 분류를 제외한다]	J
	(10) 주파수반전 또는 주파수대 분할방식을 사용한 상용음성	K
	(11) 복조신호레벨을 조정하기 위하여 별도의 주파수변조신호를 가진 상용음성	L
	(12) 흑백	M
	(13) 천연색	N
	(14) (1)부터 (13)까지의 조합	W
	(15) (1)부터 (14)까지 규정된 것 외의 것	X
	나. 다섯째 기호: 다중화 특성	
	(1) 다중화가 아닌 것	N
	(2) 부호-분할다중(대역폭 확장기술을 포함한다)	C
	(3) 주파수-분할다중	F
	(4) 시-분할다중	T
	(5) 주파수-분할다중과 시분할다중의 조합	W
	(6) (1)부터 (5)까지 규정된 것 외의 다중방식	X
	다. 넷째 기호 및 다섯째 기호에 있어서는 그 기호를 사용하지 아니할 경우 그 기호자리는 대시(-)로 표시한다.	

11. 다음 중 진폭변조, 단측파대의 전반송파를 나타내는 전파형식 표시기호는? (21년 4차)
   ① A
   ② B
   ❸ H
   ④ F

11. 다음 중 전파형식 'A3E'에 대한 설명으로 틀린 것은? (19년 4차)
   ① 주반송파의 변호형식이 진폭변조이고 양측파대이다.
   ② 주반송파를 변조시키는 신호의 특성이 아날로그 정보를 포함하는 단일채널이다.
   ③ 송신할 정보가 전화이다.
   ❹ 4조건 부호로서 각각의 조건이 신호소자를 표시한 것이다.

12. 다음 중 전파형식 'A3E'에 대한 설명으로 틀린 것은? (18년 4차)
   ① 주반송파의 변조형식이 진폭변조이고 양측파대이다.
   ② 주반송파를 변조시키는 신호의 특성이 아날로그 정보를 포함하는 단일채널이다.
   ③ 송신할 정보가 전화이다.
   ❹ 4조건 부호로서 각각의 조건이 신호소자를 표시한 것이다.

10. 다음 중 전파형식의 등급표시에서 기본 특성이 아닌 것은? (18년 1차)
   ① 주반송파의 변조형식
   ② 주반송파를 변조시키는 신호의 특성
   ❸ 신호의 항목
   ④ 송신할 정보의 형태

15. 전파형식의 등급표시에 있어 기본 특성의 셋째 기호(송신할 정보형태) 중 '전화'를 나타내는 문자는?
   (18년 1차)
   ① A
   ② C
   ❸ E
   ④ F

사. 주파수의 표시

> **전파법 시행령 제29조의2(전파형식의 표시 등)**
> 전파형식의 표시는 별표 4에 따르고, 주파수의 표시는 별표 5에 따른다.

■ 전파법 시행령 [별표 5]

주파수의 표시
(제29조의2 관련)

1. 전파의 주파수는 3,000㎑ 이하의 것은 ㎑, 3,000㎑ 초과 3,000㎒ 이하의 것은 ㎒, 3,000㎒ 초과 3,000㎓ 이하의 것은 ㎓로 표시한다. 다만, 주파수 사용상 특히 필요가 있는 경우에는 이 표시방법에 의하지 아니할 수 있다.
2. 전파의 주파수대열은 그 주파수의 범위에 따라 다음 표와 같이 아홉 개의 주파수대로 구분한다.

주파수대의 주파수 범위	주파수대번호	주파수대약칭	미터법에 따른 구분
3㎑ 초과 30㎑ 이하	4	VLF	밀리아미터파
30㎑ 초과 300㎑ 이하	5	LF	킬로미터파
300㎑ 초과 3,000㎑ 이하	6	MF	헥터미터파
3㎒ 초과 30㎒ 이하	7	HF	데카미터파
30㎒ 초과 300㎒ 이하	8	VHF	미터파
300㎒ 초과 3,000㎒ 이하	9	UHF	데시미터파
3㎓ 초과 30㎓ 이하	10	SHF	센티미터파
30㎓ 초과 300㎓ 이하	11	EHF	밀리미터파
300㎓ 초과 3,000㎓ 이하 (또는 3㎔ 이하)	12		데시밀리미터파

3. 해상이동업무 또는 해상무선항행업무를 함에 있어서 H2A전파·H2B전파·H2D전파·R3E전파·H3E전파 또는 J3E전파를 사용하는 경우의 주파수의 표시는 반송주파수로 하고, 그 전파의 할당주파수는 다음 표의 구분에 따른다. 이 경우에 할당주파수는 반송주파수 다음에 괄호로 표시한다.

구 분		할 당 주 파 수
H2A· H2B	1. 선택호출장치 또는 비상 위치지시용 무선표지 설비	반송주파수보다 1,100㎐가 높은 주파수
	2. 제1호 외의 것	반송주파수보다 500㎐가 높은 주파수
R3E·H3E·J3E		반송주파수보다 1,400㎐가 높은 주파수

8. MF(핵터미터파) 전파의 주파수 범위로 옳은 것은? (18년 4차)
   ❶ 300 kHz 초과 3,000 kHz 이하
   ② 3 MHz 초과 30 MHz 이하
   ③ 30 MHz 초과 300 MHz 이하
   ④ 300 MHz 초과 3,000 MHz 이하

12. 30[MHz] 초과 300[MHz] 이하의 주파수대를 표시하는 약어는? (17년 1차)
   ❶ VHF
   ② SHF
   ③ UHF
   ④ HF

아. 무선국 개설 절차 (★)

전파법 제21조(무선국 개설허가 등의 절차)
① 제19조제1항에 따라 무선국의 개설허가 또는 허가받은 사항을 변경하기 위한 허가(이하 "변경허가"라 한다)를 받으려는 자는 대통령령으로 정하는 바에 따라 과학기술정보통신부장관에게 신청하여야 한다.
② 과학기술정보통신부장관은 제1항에 따른 신청을 받은 때에는 다음 각 호의 사항을 심사하여야 한다.
1. 주파수지정이 가능한지의 여부
2. 설치하거나 운용할 무선설비가 제45조에 따른 기술기준에 적합한지의 여부
3. 무선종사자의 배치계획이 제71조에 따른 자격 · 정원배치기준에 적합한지의 여부
4. 제20조의2에 따른 무선국의 개설조건에 적합한지의 여부
③ 과학기술정보통신부장관은 제2항에 따른 심사를 할 때에 필요하다고 인정하면 신청인에게 자료 제출을 요구하거나 신청인의 의견을 들을 수 있다.
④ 과학기술정보통신부장관은 제2항에 따라 심사한 결과 그 신청이 적합하면 무선국 개설허가 또는 변경허가를 하고 신청인에게 무선국의 준공기한과 그 밖에 대통령령으로 정하는 사항이 적힌 허가증을 발급하여야 한다.
⑤ 과학기술정보통신부장관은 대통령령으로 정하는 무선국의 개설허가 또는 변경허가를 한 경우에는 대통령령으로 정하는 바에 따라 이를 고시하여야 한다.

전파법 시행령 제31조(허가의 신청)
④ 법 제19조제1항 후단 및 제21조제1항에 따라 다음 각 호의 사항에 대하여 변경허가를 받으려는 자는 변경허가 신청서(전자문서로 된 신청서를 포함한다)에 무선설비의 공사설계서(제1호 · 제2호 · 제4호 및 제8호를 변경하는 경우는 제외한다) 및 무선국 변경내역서(전자문서를 포함한다)를 첨부하여 과학기술정보통신부장관에게 제출하여야 한다.

1. 무선국의 목적
2. 통신의 상대방 및 통신사항(방송국의 경우에는 방송사항 및 방송구역을 말한다)
3. 무선설비의 설치 장소(무선설비가 설치된 차량을 교체하는 경우는 제외한다)
4. 호출부호 또는 호출명칭
5. 전파의 형식, 점유주파수대폭 및 주파수(간이무선국이 같은 주파수대역 내에서 주파수를 변경하는 경우는 제외한다)
6. 안테나공급전력
7. 안테나의 형식·구성 및 이득(아마추어국의 경우에는 안테나 형식만 해당한다)
8. 운용허용시간
9. 송신장치의 증설(아마추어국으로서 안테나공급전력 10와트 이하의 송신장치는 제외한다)
10. 무선기기의 대치(과학기술정보통신부장관 고시로 정하는 무선기기는 제외한다)

변경허가가 필요하지 아니한 무선기기 및 전파응용설비 제2조(대상)
변경허가가 필요하지 아니한 무선기기 및 전파응용설비는 다음 각 호와 같다.
1. 간이무선국의 무선설비기기
2. 라디오부이
3. 라디오존데
4. 주파수측정장치
5. 무선방위측정기
6. 긴급수리를 위해 이미 허가받아 설치된 설비와 동일한 형식, 동일성능의 설비를 교체하는 경우로서 전파법제22조제2항 규정에 의한 의무항공기국의 무선설비
7. 지속적인 가동을 위해 이미 허가받아 설치된 설비와 동일한 성능의 설비를 교체, 증설, 이설하는 경우로서 전자파차단이 양호한 다중 차폐시설(전자파차폐 시설을 갖춘 건물 내에 전자파차폐 설비를 추가로 설치한 경우를 말한다)을 갖춘 건물 내에 설치된 전파응용설비

15. 다음 중 무선국 허가를 위한 심사사항이 아닌 것은? (21년 4차)
① 주파수 지정이 가능한지의 여부
② 설치 운용할 무선설비가 기술기준에 적합한지의 여부
❸ 공사가 설계서의 내용과 일치하는지의 여부
④ 무선종사자의 자격·정원 배치기준에 적합한지의 여부

10. 다음 중 신고를 통해 처리할 수 없는 것은? (21년 1차)
① 간이무선국의 승계   법 제23조 제3항
② 무선국 폐지   법 제25조의2 제1항
③ 무선국 운용 휴지   법 제25조의2 제1항
❹ 송신기의 대치

14. 다음 중 과학기술정보통신부장관으로부터 변경허가를 받아야 하는 변경사항이 아닌 것은? (20년 4차)
   ① 무선국의 목적
   ② 호출부호 또는 호출명칭
   ③ 통신의 상대방 및 통신사항
   ❹ 무선방위측정기의 대치

6. 다음 중 우선국의 기기 대치 시 변경허가를 받아야 하는 무선기기는? (15년 1차)
   ① 간이무선숙의 무선설비기기
   ② 라디오부이
   ③ 주파수 측정장치
   ❹ 비상국의 무선설비기기

자. 무선국 개설 유효기간 (★)

전파법 제22조(주파수 사용승인 및 무선국 개설허가의 유효기간)
① 제18조의2제3항에 따른 주파수 사용승인의 유효기간은 10년 이내의 범위에서, 제19조제1항에 따른 무선국 개설허가의 유효기간은 7년 이내의 범위에서 대통령령으로 각각 정하며, 그 기간이 끝나면 재승인이나 재허가를 할 수 있다.
② 제1항에도 불구하고 「선박안전법」, 「어선법」 또는 「수상레저안전법」에 따라 선박에 의무적으로 개설하여야 하는 무선국(이하 "의무선박국"이라 한다)이나 「항공안전법」에 따라 항공기 또는 경량항공기에 의무적으로 개설하여야 하는 무선국(이하 "의무항공기국"이라 한다)의 개설허가 유효기간은 무기한으로 한다.
③ 제1항에 따른 승인이나 허가의 유효기간은 다음 각 호에서 정한 날부터 기산한다.
1. 주파수 사용승인은 제18조의2제3항에 따라 주파수 사용승인을 받은 날
2. 무선국 개설허가는 제24조제3항 본문에 따른 검사증명서를 발급받은 날. 다만, 제24조의2제1항 각 호에 따른 무선국의 개설허가는 그 허가를 받은 날로 한다.
④ 제1항에 따른 재승인이나 재허가의 절차와 그 밖에 필요한 사항은 대통령령으로 정한다.

전파법 시행령 제36조(무선국 개설허가의 유효기간)
① 법 제22조제1항에 따른 무선국 개설허가의 유효기간은 다음 각 호와 같다.
1. 실험국 및 실용화시험국: 1년
2. 이동국 · 육상국 · 육상이동국 · 기지국 · 이동중계국 · 선박국[「선박안전법」, 「어선법」 또는 「수상레저안전법」에 따라 선박에 의무적으로 개설하여야 하는 무선국(이하 "의무선박국"이라 한다)은 제외한다] · 선상통신국 · 무선표지국 · 무선측위국 · 우주국 · 일반지구국 · 해안지구국 · 항공지구국 · 육상지구국 · 이동지구국 · 기지지구국 · 육상이동지구국 · 아마추어국 · 간이무선국 · 항공국 · 고정국 · 무선항행육상국 · 무선항행이동국 · 무선탐지육상국 · 무선탐지이동국 · 비상국 · 기상원조국 · 항공기지구국 · 무선조정국

· 무선조정이동국 · 무선조정중계국 · 전파천문국 · 선박지구국 · 항공기국[「항공안전법」에 따라 항공기 또는 경량항공기에 의무적으로 개설하여야 하는 무선국(이하 "의무항공기국"이라 한다)은 제외한다] · 비상위치지시용무선표지국 · 비상위치지시용위성무선표지국 · 해안국 및 무선방향탐지국: 5년

2의2. 방송국: 5년

3. 제1호 · 제2호 및 제2호의2 외의 무선국: 3년

② 과학기술정보통신부장관은 제1항 각 호에도 불구하고 같은 시설자의 같은 종별 또는 통신망에 속하는 무선국에 대하여는 각 무선국의 허가시기가 다르더라도 그 유효기간이 동시에 끝나도록 허가할 수 있다.

③ 과학기술정보통신부장관은 법 제20조제2항제4호 및 제5호에 따른 무선국의 시설자 또는 신청인이 원하는 경우에는 제1항 각 호에 따른 허가유효기간의 범위에서 허가의 유효기간을 달리 정할 수 있다.

④ 과학기술정보통신부장관(법 제34조에 따라 개설허가를 하는 방송통신위원회를 포함한다)은 제1항제2호의2에도 불구하고 전파의 효율적인 이용 및 관리를 통한 공공복리증진을 위하여 필요하다고 판단하는 경우에는 「방송법」 제10조제1항 또는 제17조제3항에 따른 심사결과를 고려하여 2년을 초과하지 아니하는 범위에서 허가의 유효기간을 단축하여 허가할 수 있다.

⑤ 과학기술정보통신부장관은 무선국 개설허가의 유효기간이 끝나는 날의 4개월 전까지 시설자에게 재허가 절차와 제38조제1항에 따른 재허가 신청기간 내에 신청하지 않으면 재허가를 받을 수 없다는 사실을 미리 알려야 한다. 이 경우 통지는 문서, 전화 또는 팩스의 방법 등으로 할 수 있다.

12. 다음 중 무선국 개설허가의 유효기간으로 잘못된 것은? (21년 1차)

① 실험국 : 1년

❷ 항공국 : 3년

③ 우주국 : 5년

④ 항공안전법에 의해 항공기에 의무적으로 개설하는 무선국 : 무기한

13. 무선국 개설허가의 허가유효기간은 최대 몇 년의 범위 내에서 정할 수 있는가?(19년 4차)

① 1년

② 5년

❸ 7년

④ 10년

17. 항공국의 개설허가 유효기간으로 옳은 것은? (20년 4차)

① 1년

② 2년

③ 3년

❹ 5년

차. 무선국 개설 재허가 (★★★)

> **전파법 제22조(주파수 사용승인 및 무선국 개설허가의 유효기간)**
> ① 제18조의2제3항에 따른 주파수 사용승인의 유효기간은 10년 이내의 범위에서, 제19조제1항에 따른 무선국 개설허가의 유효기간은 7년 이내의 범위에서 대통령령으로 각각 정하며, 그 기간이 끝나면 재승인이나 재허가를 할 수 있다.
>
> **전파법 시행령 제38조(재허가)**
> ① 법 제22조제1항에 따라 재허가를 받으려는 자는 유효기간 만료 전 2개월 이상 4개월 이내의 기간에 과학기술정보통신부장관에게 재허가신청을 하여야 한다. 다만, 허가의 유효기간이 1년인 무선국에 대하여는 그 유효기간 만료일 2개월 전까지 신청하여야 하며, 허가의 유효기간이 1년 미만인 무선국에 대하여는 그 유효기간 만료일 1개월 전까지 신청하여야 한다.
> ② 법 제22조제1항에 따라 위성방송국의 재허가를 받으려는 자는 재허가신청서(전자문서로 된 신청서를 포함한다)에 무선설비 시설개요서와 공사설계서를 첨부하여야 한다.
> ③ 제1항에 따라 위성방송국 재허가 신청을 받은 과학기술정보통신부장관은 「전자정부법」 제36조제1항에 따른 행정정보의 공동이용을 통하여 다음 각 호의 서류를 확인하여야 한다. 다만, 신청인·방송편성책임자가 제2호의 확인에 동의하지 아니하는 경우에는 해당 서류를 첨부하도록 하여야 한다.
> 1. 법인 등기사항증명서
> 2. 법인의 대표자·방송편성책임자의 가족관계기록사항에 관한 증명서
> ④ 과학기술정보통신부장관은 재허가신청을 심사한 결과 그 신청이 법 제21조제2항 각 호에 적합하다고 인정하는 경우에는 재허가를 한다. 다만, 허가신청 시와 주파수 이용현황 등이 달라진 경우에는 다음 각 호의 사항을 다시 지정하여 무선국의 허가를 할 수 있다.
> 1. 전파의 형식·점유주파수대폭 및 주파수
> 2. 호출부호 또는 호출명칭
> 3. 안테나공급전력
> 4. 운용허용시간
> 5. 무선종사자의 자격 및 정원
> 6. 안테나의 형식·구성 및 이득
> 7. 방송을 목적으로 하는 무선국에 있어서는 방송사항 및 방송구역

10. 무선국의 허가유효기간 만료일 도래 시 재허가 신청을 누구에게 해야 하는가? (22년 1차)
① 해양수산부장관
❷ 과학기술정보통신부장관
③ 산업통상자원부장관
④ 국통교통부장관

16. 다음 중 무선국 재허가 시 무선국 허가사항을 재지정할 수 있는 사항이 아닌 것은? (22년 1차)
   ① 전파의 형식
   ❷ 무선국의 목적
   ③ 안테나공급전력
   ④ 운용허용시간

16. 다음 중 무선국 재허가 시 무선국 허가사항을 재지정할 수 있는 사항이 아닌 것은? (21년 4차)
   ① 전파의 형식
   ❷ 무선국의 목적
   ③ 안테나공급전력
   ④ 운용허용시간

10. 허가 유효기간이 5년인 항공지구국의 재허가 신청기간은? (20년 4차)
   ① 허가유효기간 만료 전 3개월 이상 5개월 이내의 기간
   ❷ 허가유효기간 만료 전 2개월 이상 4개월 이내의 기간
   ③ 허가유효기간 만료 전 1개월 이상 3개월 이내의 기간
   ④ 허가유효기간 만료 전 2개월까지의 기간

15. 무선국의 허가유효기간 만료일 도래 시 재허가 신청은 누구에게 해야 하는가? (18년 4차)
   ① 해양수산부장관
   ❷ 과학기술정보통신부장관
   ③ 산업통상자원부장관
   ④ 국토교통부장관

14. 다음 중 무선국 재허가 시 무선국 허가사항을 재지정할 수 있는 사항이 아닌 것은? (18년 1차)
   ① 전파의 형식
   ❷ 무선국의 목적
   ③ 안테나공급전력
   ④ 운용허용시간

9. 항공국의 허가유효기간 만료일 도래 시 재허가 신청기간은? (15년 4차)
   ① 허가의 유효기간 만료 전 1개월 이상 2개월 이내
   ② 허가의 유효기간 만료 전 1개월 이상 4개월 이내
   ❸ 허가의 유효기간 만료 전 2개월 이상 4개월 이내
   ④ 허가의 유효기간 만료 전 2개월 이상 6개월 이내

카. 무선국 개설자 지위승계 (★)

> **전파법 제23조(시설자의 지위승계)**
> ① 다음 각 호의 어느 하나에 해당하는 자는 시설자(제14조제5항에 따라 시설자의 지위를 승계하는 자는 제외한다. 이하 이 조에서 같다)의 지위를 승계한다.
> 1. 시설자가 사업을 양도하면서 그 사업과 관련된 무선국을 양도한 경우의 양수인
> 2. 시설자인 법인이 합병한 경우에 합병 후 존속하거나 합병에 따라 설립된 법인
> 3. 시설자가 사망한 경우의 상속인
> 4. 무선국이 있는 선박이나 항공기의 소유권 이전 또는 임대차계약 등에 의하여 선박이나 항공기를 운항하는 자가 변경된 경우에 해당 선박이나 항공기를 운항하는 자
> ② 제1항제1호 또는 제2호에 해당하는 자는 대통령령으로 정하는 바에 따라 과학기술정보통신부장관의 인가를 받아야 한다. 다만, 지상파방송사업을 위한 방송국 시설자의 경우 대통령령으로 정하는 바에 따라 방송통신위원회의 인가를 받아야 한다.
> ③ 제1항제3호 또는 제4호에 해당하는 자와 대통령령으로 정하는 무선국을 승계받으려는 자는 대통령령으로 정하는 바에 따라 과학기술정보통신부장관에게 신고하여야 한다. 다만, 지상파방송사업을 위한 방송국 시설자의 경우 대통령령으로 정하는 바에 따라 방송통신위원회에 신고하여야 한다.
> ④ 과학기술정보통신부장관은 제2항 본문에 따른 인가의 신청을 받은 날부터 7일 이내에 인가 여부를 신청인에게 통지하여야 한다.
> ⑤ 과학기술정보통신부장관이 제4항에서 정한 기간 내에 인가 여부 또는 민원 처리 관련 법령에 따른 처리기간의 연장을 신청인에게 통지하지 아니하면 그 기간(민원 처리 관련 법령에 따라 처리기간이 연장 또는 재연장된 경우에는 해당 처리기간을 말한다)이 끝난 날의 다음 날에 인가를 한 것으로 본다.
> ⑥ 제2항에 따른 인가 및 제3항에 따른 신고의 결격사유에 관하여는 제20조를 준용한다.
> ⑦ 법인의 합병이나 상속에 따라 시설자의 지위를 승계한 자가 2명 이상인 경우에는 그중 1명을 대표자로 선정하여야 한다.

9. 다음 중 시설자의 지위승계를 위하여 과학기술정보통신부장관의 인가를 받아야 하는 경우는?
   (22년 1차)
   ① 시설자에 대하여 상속이 있는 경우
   ② 항공기 소유권의 이전에 의하여 운항자가 변경된 경우
   ❸ 시설자인 법인이 합병한 경우에 합병 후 존속한 경우
   ④ 항공기의 임대차 계약에 의하여 운항자가 변경된 경우

11. 시설자의 지위승계 시 과학기술정보통신부장관의 인가를 받아야 하는 경우는? (20년 4차)
   ① 항공기의 소유권 이전으로 항공기의 운항자가 변경된 때
   ② 시설자가 사망한 경우의 상속을 받을 때
   ❸ 시설자인 법인이 합병한 때
   ④ 선박의 임대차계약에 의하여 운항자가 변경된 때

16. 다음 중 시설자의 지위승계를 위하여 과학기술정보통신부장관의 인가를 받아야 하는 경우는? (18년 4차)
   ① 시설자에 대하여 상속이 있는 경우
   ② 항공기 소유권의 이전에 의하여 운항자가 변경된 경우
   ❸ 시설자인 법인이 합병한 경우에 합병 후 존속한 경우
   ④ 항공기의 임대차 계약에 의하여 운항자가 변경된 경우

7. 시설자의 지위를 승계하기 위해 미래창조과학부장관 또는 방송통신위원회의 인가를 받아야 하는 경우는? (15년 1차)
   ❶ 시설자가 사업을 양도하면서 그 사업과 관련된 무선국을 양도한 경우의 양수인
   ② 시설자가 사망한 경우의 상속인
   ③ 무선국이 있는 선박의 소유권 이전에 의하여 선박을 운항하는 자가 변경된 경우에 해당 선박을 운항하는 자
   ④ 무선국이 있는 항공기의 임대차계약에 의하여 항공기를 운항하는 자가 변경된 경우에 해당 항공기를 운항하는 자

타. 무선국 준공기한 최대 연장기간 (★)

> 전파법 제24조(검사)
> ② 과학기술정보통신부장관은 제1항 각 호의 어느 하나에 해당하는 자로부터 허가증 또는 무선국 신고증명서에 적힌 준공기한의 연장신청을 받은 경우 그 사유가 합당하다고 인정하면 준공기한을 연장할 수 있다. 이 경우 총 연장기간은 1년을 초과할 수 없다.

16. 무선국의 개설허가를 받은 시설자는 준공기한의 연장신청을 최대 얼마까지 할 수 있는가? (20년 4차)
   ① 6개월
   ❷ 1년
   ③ 1년 6개월
   ④ 2년

12. 무선국 준공기한의 연장은 얼마를 초과할 수 없는가? (19년 4차)
   ① 6개월
   ② 8개월
   ③ 10개월
   ❹ 1년

14. 무선국의 개설허가를 받은 시설자는 준공기한의 연장신청을 최대 얼마 까지 할 수 있는가?
   (16년 1차)
   ① 6개월
   ❷ 1년
   ③ 1년 6개월
   ④ 2년

파. 무선국 정기검사 유효기간 (★★)

전파법 제24조(검사)
④ 과학기술정보통신부장관은 다음 각 호의 어느 하나에 해당하는 무선국에 대하여 5년의 범위에서 무선국별로 대통령령으로 정하는 기간마다 정기검사를 실시하여야 한다.
1. 제21조제4항에 따라 개설허가를 받은 무선국
2. 제22조의2제1항에 따라 개설신고를 한 무선국(제19조의2제1항제3호 또는 제4호에 해당하는 무선국에 한정한다)

전파법 시행령 제44조(정기검사의 유효기간)
① 법 제24조제4항 각 호 외의 부분에서 "대통령령으로 정하는 기간"이란 다음 각 호의 구분에 따른 기간을 말한다.
1. 다음 각 목에 따른 무선국: 1년
   가. 의무선박국(제2호가목 및 나목에 따른 의무선박국은 제외한다)
   나. 의무항공기국(제2호다목에 따른 의무항공기국은 제외한다)
   다. 실험국
   라. 실용화시험국
2. 다음 각 목에 따른 무선국: 2년
   가. 총톤수 40톤 미만인 어선의 의무선박국
   나. 「선박안전법 시행령」 제2조제1항제3호가목에 따른 평수구역 안에서만 운항하는 선박(여객선 및 어선은 제외한다)의 의무선박국

> 다. 「항공안전법」 제2조제1호 및 제2호에 따른 헬리콥터 및 경량항공기의 의무항공기국
> 3. 제36조제1항제2호의2[방송국] 및 제3호에 따른 무선국: 3년
> 4. 제36조제1항제2호[항공국, 이동국, 육상국, 일반지구국, 항공지구국 등]에 따른 무선국: 5년. 다만, 인명구조 및 재난 관련 무선국으로서 과학기술정보통신부장관이 정하여 고시하는 무선국은 2년으로 한다.
> ② 제1항에 따른 정기검사의 유효기간은 다음 각 호의 어느 하나에 해당하는 날부터 기산한다.
> 1. 최초로 정기검사를 받는 무선국: 법 제24조제3항에 따른 검사증명서(이하 "준공검사증명서"라 한다)를 발급받은 날(법 제24조의2제1항 각 호에 따른 무선국의 경우에는 무선국의 허가를 받은 날을 말한다)
> 2. 정기검사 유효기간이 만료되어 다시 정기검사를 받는 무선국: 종전의 정기검사 유효기간의 만료일 다음날
> 3. 정기검사의 유효기간 중에 법 제24조제5항에 따른 검사(이하 "수시검사"라 한다)를 받은 무선국: 수시검사를 받고 제45조제7항에 따른 검사증명서(이하 이 조에서 "검사증명서"라 한다)를 발급받은 날. 이 경우 종전의 정기검사의 유효기간은 수시검사를 받고 검사증명서를 발급받은 날의 전날 만료된 것으로 본다.
> 4. 정기검사의 유효기간 중에 다시 제45조제2항에 따른 정기검사를 받은 무선국: 해당 정기검사를 받고 검사증명서를 발급받은 날. 이 경우 종전의 정기검사의 유효기간은 검사증명서를 발급받은 날의 전날 만료된 것으로 본다.

17. 헬리콥터 및 경량항공기를 제외한 의무항공기국의 정기검사 유효기간은? (22년 1차)
① 6개월
❷ 1년
③ 2년
④ 3년

13. 최초로 정기검사를 받는 무선국의 정기검사 유효기간의 가산일은 언제부터 인가? (21년 4차)
❶ 준공검사증명서를 발급받은 날
② 준공신고서를 제출한 날
③ 준공검사증명서를 발급받은 다음날
④ 무선국 허가증을 발급받은 다음날

13. 헬리콥터 및 경량항공기에 개설한 의무항공기국에 대한 무선국 정기검사의 유효기간은? (20년 4차)
① 1년
❷ 2년
③ 3년
④ 4년

14. 다음 중 무선국의 정기검사 유효기간이 옳은 것은? (19년 4차)
   ① 실용화 시험국 : 3년
   ❷ 항공국 : 5년
   ③ 실험국 : 2년
   ④ 헬리콥터 및 경량항공기의 의무항공기국 : 1년

13. 다음 중 무선국 개설허가의 유효기간으로 옳은 것은? (18년 1차)
   ❶ 이동국 및 육상국 : 5년
   ② 실험국 및 실용화시험국 : 4년
   ③ 일반지구국 및 항공지구국 : 3년
   ④ 방송국 및 유선방송국 : 2년

8. 최초로 정기검사를 받는 무선국의 정기검사 유효기간의 기산일은 언제부터인가? (16년 1차)
   ❶ 준공검사증명서를 발급 받은 날
   ② 준공신고서를 제출한 날
   ③ 준공검사증명서를 발급 받은 다음날
   ④ 무선국 허가증을 발급 받은 다음날

하. 무선국 정기검사 시기 · 방법 (★★)

전파법 제24조(검사)
④ 과학기술정보통신부장관은 다음 각 호의 어느 하나에 해당하는 무선국에 대하여 5년의 범위에서 무선국별로 대통령령으로 정하는 기간마다 정기검사를 실시하여야 한다.
1. 제21조제4항에 따라 개설허가를 받은 무선국
2. 제22조의2제1항에 따라 개설신고를 한 무선국(제19조의2제1항제3호 또는 제4호에 해당하는 무선국에 한정한다)

전파법 시행령 제45조(검사의 시기 · 방법 등)
① 법 제24조제4항에 따른 정기검사의 시기는 다음 각 호의 구분에 따르며, 이 시기에 정기검사에 합격한 경우에는 정기검사 유효기간의 만료일에 정기검사를 받은 것으로 본다. 다만, 과학기술정보통신부장관은 「재난 및 안전관리 기본법」에 따른 재난이 발생하여 다음 각 호의 구분에 따른 정기검사 시기에 정기검사가 곤란한 경우에는 그 정기검사 시기의 종료일부터 1년 이내의 범위에서 정기검사 시기를 따로 정할 수 있다.
1. 제44조제1항제1호[의무항공기국 등]에 따른 무선국: 해당 무선국의 정기검사 유효기간의 만료일 전후 2개월 이내

> 2. 제44조제1항제2호[헬리콥터 및 경량항공기의 의무항공기국 등] · 제3호 및 같은 항 제4호 단서에 따른 무선국: 해당 무선국의 정기검사 유효기간의 만료일 전후 3개월 이내
> 3. 제44조제1항제4호[항공국 등]에 따른 무선국: 해당 무선국의 정기검사 유효기간의 만료일 전후 6개월 이내
> ② 과학기술정보통신부장관은 필요하다고 인정하는 경우에는 무선국에 대하여 제1항 각 호에 따른 정기검사의 시기 이전에 정기검사를 실시할 수 있다.
> ③ 정기검사, 수시검사 및 법 제24조제8항에 따른 검사는 다음 각 호의 구분에 따라 실시하며, 구체적인 검사항목 등 검사에 필요한 세부사항은 과학기술정보통신부장관이 정하여 고시한다.
> 1. 성능검사: 안테나공급전력 · 주파수 · 불요발사(不要發射) · 점유주파수대폭 · 등가등방복사전력(等價等方輻射電力) · 실효복사전력(實效輻射電力) · 변조도 등 무선설비의 성능에 대하여 행하는 검사
> 2. 대조검사: 시설자 · 무선설비 · 설치장소 및 무선종사자의 배치 등이 무선국허가 · 신고사항 등과 일치하는지 여부를 대조 · 확인하는 검사
> ④ 정기검사를 하는 기관의 장은 정기검사대상 무선국의 시설자에게 정기검사일 및 정기검사수수료 등에 관한 사항을 정하여 정기검사일 1개월 전까지 통보하여야 한다.

9. 항공법 규정에 의한 헬리콥터 및 경량항공기의 의무항공기국은 당해 무선국의 정기검사 유효기간의 만료일 전후 얼마 이내에 검사를 받아야 하는가? (21년 1차)
   ① 1개월
   ② 2개월
   ❸ 3개월
   ④ 6개월

11. 항공국의 정기검사는 유효기간 만료일 전후 얼마 이내에 받아야 하는가? (21년 1차)
    ① 1개월
    ② 2개월
    ③ 3개월
    ❹ 6개월

11. 다음 중 무선국 검사 시 허가 또는 신고사항 등과 일치 하는지 여부를 대조·확인하는 대조검사 항목에 포함되지 않는 것은? (18년 1차)
    ① 시설자
    ② 설치장소
    ③ 무선종사자 배치
    ❹ 안테나공급전력

15. 다음 중 무선국 검사 시 성능검사 항목이 아닌 것은? (17년 1차)
   ❶ 설치장소
   ② 안테나공급전력
   ③ 불요발사
   ④ 점유주파수대폭

16. 다음 중 무선국 정기검사에 관한 설명으로 옳지 않은 것은? (15년 1차)
   ① 5년의 범위 내에서 실시한다.   법 제24조 제4항
   ❷ 비영리 목적의 방송국은 정기검사의 면제가 가능하다.   법 제24조의2
   ③ 정기검사는 대조검사와 성능검사로 구분하여 실시한다.   시행령 제45조 제3항
   ④ 미래창조과학부장관이 무선국별로 기간을 정하여 실시한다.   법 제24조 제4항

거. 무선국 준공검사 면제

전파법 제24조의2(검사의 면제 등)
① 과학기술정보통신부장관은 제24조제1항에도 불구하고 다음 각 호의 어느 하나에 해당하는 무선국의 경우에는 준공검사를 면제 또는 생략할 수 있다.
1. 어선에 설치하는 무선국, 소규모의 무선국 및 아마추어국으로서 대통령령으로 정하는 무선국
2. 제22조제1항에 따라 재허가를 받은 무선국
3. 무선설비의 설치공사가 필요 없거나 간단한 무선국으로서 대통령령으로 정하는 무선국
4. 외국에서 취득한 후 국내의 목적지에 도착하지 못한 선박 또는 항공기의 무선국
5. 제20조제2항제7호의 무선국 중 시설자가 외국인인 무선국
② 과학기술정보통신부장관은 제24조제4항에도 불구하고 정기검사 시기에 외국을 항행 중인 선박 또는 항공기의 무선국, 그 밖에 정기검사를 실시할 필요가 없다고 인정되는 무선국의 경우에는 정기검사 시기를 연기하거나 정기검사를 면제 또는 생략할 수 있다.

전파법 시행령 제45조의2(준공검사의 면제 등)
① 법 제24조의2제1항제1호에서 "대통령령으로 정하는 무선국"이란 다음 각 호의 무선국을 말한다.
1. 30와트 미만의 무선설비를 시설하는 어선의 선박국
2. 아마추어국으로서 다음 각 목의 어느 하나에 해당하는 무선국
   가. 적합성평가를 받은 무선기기를 사용하는 무선국
   나. 외국에서 아마추어무선기사 자격을 취득하고 과학기술정보통신부장관이 지정하는 단체의 추천을 받은 자가 1개월 이내의 국내 체류기간 동안 개설·운용하는 무선국
3. 국가안보 또는 대통령 경호를 위하여 개설하는 무선국

4. 정부 또는 기간통신사업자가 비상통신을 위하여 개설한 무선국으로서 상시 운용하지 않는 무선국
5. 공해 또는 극지역에 개설한 무선국
6. 외국에서 운용할 목적으로 개설한 육상이동지구국
7. 소규모의 무선국으로서 사용지역·용도 등에 관하여 과학기술정보통신부장관이 정하여 고시하는 요건을 갖춘 실험국 또는 실용화시험국

② 법 제24조의2제1항제3호에서 "대통령령으로 정하는 무선국"이란 다음 각 호의 무선국을 말한다.
1. 적합성평가를 받은 다음 각 목의 어느 하나에 해당하는 무선기기를 사용하는 무선국
   가. 이동국용 무선설비 중 휴대용 무선기기
   나. 육상이동국용 무선설비 중 휴대용 무선기기
   다. 선상통신국용 무선설비 중 휴대용 무선기기
   라. 주파수공용무선전화용 무선설비 중 자가통신용 휴대용 무선기기
   마. 무선측위업무용 무선설비 중 차량설치용 또는 휴대용 무선기기
2. 중계기능만 수행하는 무선설비로서 회로의 변경없이 전파의 형식 또는 수신주파수를 변경하는 무선국
3. 그 밖에 터널이나 건축물 등의 지하층에 설치하는 무선설비의 안테나 구성만을 변경하는 무선국 등 과학기술정보통신부장관이 정하여 고시하는 무선국

13. 다음 중 정기검사 면제 또는 생략대상 무선국이 아닌 것은? (21년 1차)
① 적합성평가를 받은 무선기기를 사용하는 아마추어국
② 국가안보 또는 대통령 경호를 위하여 개설하는 무선국
③ 공해 또는 극지역에 개설한 무선국
❹ 의무항공기국

너. 무선국 운용 (★)

전파법 제25조(무선국의 운용)
② 무선국은 제18조의2제3항에 따른 사용승인서, 제21조제4항에 따른 허가증 또는 제22조의2제2항에 따른 무선국 신고증명서에 적힌 사항의 범위에서 운용하여야 한다. 다만, 다음 각 호의 어느 하나에 해당하는 통신을 하는 경우에는 그러하지 아니하다.
1. 조난통신(선박이나 항공기가 중대하고 급박한 위기에 처한 경우에 조난신호를 먼저 보낸 후에 하는 무선통신을 말한다. 이하 같다)
2. 긴급통신(선박이나 항공기가 중대하고 급박한 위험에 처할 우려가 있는 경우나 그 밖에 긴박한 사태가 발생한 경우에 긴급신호를 먼저 보낸 후에 하는 무선통신을 말한다. 이하 같다)
3. 안전통신(선박이나 항공기의 항행 중에 발생하는 중대한 위험을 예방하기 위하여 안전신호를 먼저 보낸 후에 하는 무선통신을 말한다. 이하 같다)
4. 비상통신(지진·태풍·홍수·해일·화재, 그 밖의 비상사태가 발생하였거나 발생할 우려가 있는 경우로서 유선통신을 이용할 수 없거나 이용하기 곤란할 때에 인명의 구조, 재해의 구호, 교통통신의 확보 또는 질서유지를 위하여 하는 무선통신을 말한다. 이하 같다)
5. 그 밖에 대통령령으로 정하는 통신

전파법 제49조(무선국 운용의 예외)
법 제25조제2항제5호에서 "기타 대통령령이 정하는 통신"이란 다음 각 호의 통신을 말한다. 이 경우 제1호의 통신 외의 통신은 선박국에 있어서는 그 선박의 항행 중에, 항공기국에 있어서는 그 항공기의 항행 중 또는 항행 준비 중으로 한정한다.
1. 무선기기의 시험 또는 조정을 하기 위하여 하는 통신
2. 기상의 조회 또는 시각(時刻)의 조합을 위하여 하는 해안국과 선박국 간, 선박국 상호 간 또는 항공국과 항공기국 간, 항공기 국 상호 간의 통신
3. 의료통보(항행 중의 선박 또는 항공기 내에서의 환자의 의료에 관한 통보를 말한다)에 관한 통신
4. 선박 또는 항공기의 위치 통보(선박 또는 항공기가 조난된 경우에 구조나 탐색상의 필요로 국내 또는 외국의 행정기관이 수집하는 선박 또는 항공기의 위치에 관한 통보로서 해당 행정기관과 해당 선박 또는 항공기간에 송·수신되는 것을 말한다)에 관한 통신
5. 방위를 측정하기 위하여 하는 해안국과 선박국 간, 선박국 상호 간, 항공국과 항공기국 간 또는 항공기국 상호 간의 통신
6. 선박국에서 그 시설자의 업무를 위한 전보를 해안국에 보내기 위하여 하는 통신
7. 항공기국에서 그 시설자의 업무를 위한 전보를 항공국에 보내기 위하여 하는 통신
8. 항공국에서 항공기국에 보내는 통신, 그 밖에 항공기의 항행안전에 관한 통신으로서 시급한 것을 송신하기 위하여 하는 다른 항공국과의 통신(다른 전기통신계통에 따라 해당 통신의 목적을 달성하기 곤란한 경우만 해당한다)
9. 항공무선전화 통신망을 형성하는 항공국 상호 간에 하는 다음의 통신
   가. 항공기국에서 발신하는 통보로서 해당 통신망 내의 다른 항공국에 보내는 것의 중계

> 나. 해당 통신망 내에서의 통신의 유효한 소통을 위하여 필요한 통신
> 10. 항공기국과 해상이동업무의 무선국 간에 하는 다음의 통신
>   가. 전기통신역무를 제공하는 업무를 취급하는 통신
>   나. 항공기의 항행안전에 관한 통신
>   다. 조난선박 또는 조난항공기의 구조 등에 관하여 선박과 항공기가 협동작업을 하기 위하여 필요한 통신
> 11. 같은 시설자에 속하는 항공기국과 그 시설자에 속하는 해상이동업무·육상이동업무 또는 이동업무의 무선국 간에 하는 해당 시설자의 업무를 위한 시급한 통신
> 12. 같은 시설자에 속하는 이동국과 그 시설자에 속하는 해상이동업무·항공이동업무 또는 육상이동업무의 무선국 간에 하는 해당 시설자의 업무를 위한 시급한 통신
> 13. 국가 또는 지방자치단체의 해안국과 선박국 간 또는 선박국 상호 간에 하는 항만 내에서의 선박의 교통, 해상 유류오염발생, 항만 내의 정리, 그 밖의 항만 내에서의 단속, 해항검역사무에 관한 통신
> 14. 국가 또는 지방자치단체의 항공관제탑의 항공국과 해당 공항 내를 이동하는 육상이동국 또는 이동국 간에 하는 공항의 교통정리, 단속·검역사무, 그 밖에 공항 내 안전을 위하여 시급한 통신
> 15. 해안국과 어선의 선박국 간 또는 어선의 선박국 상호 간에 하는 어업통신 또는 어로의 지도·감독에 관한 통신
> 16. 해상보안을 위한 해상이동업무 또는 항공이동업무의 무선국과 그 밖의 선박국, 항공기국 또는 무선측위업무의 무선국 간에 하는 해상보안업무에 관한 시급한 통신
> 17. 치안유지를 관장하는 행정기관의 무선국 상호 간에 하는 치안유지에 관한 시급한 통신
> 18. **비상통신의 통신체제 확보를 위한 훈련 목적의 통신**

4. 다음 중 무선국 허가증 또는 무선국 신고증명서에 적힌 사항의 범위 외에서 운용이 가능한 통신으로 틀린 것은? (21년 1차)

① 방위를 측정하기 위하여 하는 항공국과 항공기국 간의 통신
② 비상통신의 통신체제 확보를 위한 훈련 목적의 통신
③ 항공기 내에서 환자의 의료에 관한 통보를 위한 통신
❹ 항공기의 일상적인 위치통보

2. 전파법령에 따라 무선국은 허가증에 적힌 사항의 범위에서 운용하여야 하나 그 이외에 통신할 수 있는 경우가 아닌 것은? (18년 1차)

① 조난통신
② 긴급통신
③ 안전통신
❹ 평문통신

14. 항공기국이 항행 중 또는 항행 준비 중에 허가증에 기재된 사항의 범위 외에 운용할 수 있는 경우가 아닌 것은? (15년 1차)
   ① 기상의 조회 또는 시각의 조합을 위하여 행하는 항공국과 항공기국 간의 통신
   ② 항공기국에서 그 시설자의 업무를 위한 전보를 항공국에 보내기 위하여 행하는 통신
   ❸ 동일한 시설자에 속하는 항공기국과 이동업무의 무선국 간에 행하는 시급하지 않은 통신
   ④ 비상통신의 통신체제 확보를 위한 훈련목적의 통신

더. 무선국 운용휴지

> **전파법 제25조의2(무선국의 폐지 및 운용 휴지)**
> ① 시설자가 무선국을 폐지하려고 하거나 무선국의 운용을 1개월 이상 휴지하려는 경우 또는 1개월 이상 운용을 휴지한 무선국을 재운용하려는 경우에는 대통령령으로 정하는 바에 따라 과학기술정보통신부장관에게 신고하여야 한다. 다만, 지상파방송사업을 위한 방송국 시설자의 경우 대통령령으로 정하는 바에 따라 방송통신위원회에 신고하여야 한다.
> ② 시설자가 무선국의 폐지를 신고한 때에는 그 허가 또는 개설신고에 따른 효력은 소멸된다.

13. 무선국 운용을 휴지하고자 하는 경우 미래창조과학부장관에게 신고하여야 하는 휴지기간은? (17년 1차)
   ① 4개월 이상
   ② 3개월 이상
   ③ 2개월 이상
   ❹ 1개월 이상

2. 무선국의 운용 등에 관한 규정(제27조에 따른 행정규칙)

가. 「무선국의 운용 등에 관한 규정」의 근거

전파법 제27조(통신방법 등)
무선국은 과학기술정보통신부장관이 정하여 고시하는 바에 따라 무선국의 호출방법·응답방법·운용시간·청취의무, 그 밖에 통신방법 등에 관한 사항을 지키며 운용하여야 한다.

무선국의 운용 등에 관한 규정 제1조(목적)
이 규정은 「전파법」 제27조에서 제31조·제36조, 「선박안전법」 제29조, 「어선법」 제5조 및 「항공안전법」 제51조·제119조에 따른 무선국의 운용 등에 관하여 필요한 사항을 규정함을 목적으로 한다.

나. 항공기 사용주파수 (★)

무선국의 운용 등에 관한 규정 제9조(항공기에 갖추어야 하는 무선설비 등)
① 「항공안전법」 제51조 및 제119조에 따라 항공기가 사용하여야 하는 전파형식 및 사용주파수는 별표 7과 같다.
② 해상이동업무를 행하는 무선국과 통신을 하는 항공기국은 제1항에 따른 전파 이외에 해상이동업무를 행하는 무선국과 통신을 하기 위하여 필요한 전파를 송신 및 수신할 수 있어야 한다.

무선국의 운용 등에 관한 규정 [별표 7]

항공기국이 사용하여야 하는 전파형식 및 사용주파수
(제9조제1항관련)

항공기국의 구별	전파형식 및 사용주파수
의무항공기국	1. 전파형식 A3E 주파수 121.5 MHz 2. 전파형식 A3E 주파수 117.975 MHz 부터 137 MHz까지의 주파수대에서 과학기술정보통신부장관이 정하는 주파수 3. 전파형식 J3E 또는 H3E, 주파수 2850 kHz부터 22000 kHz까지의 주파수대에서

항공기국의 구별	전파형식 및 사용주파수
	과학기술정보통신부장관이 정하는 주파수(과학기술정보통신부장관이 상기1 및 2에 정한 전파의 주파수에 의하여 항공교통관계에 관한 통신을 취급하는 항공국과 통신이 가능하다고 인정하는 국내노선 취항 항공기국은 제외한다) 4. 전파형식 A3E 주파수 243 MHz(수색구조에 종사하는 항공기에 있어서 장거리 취항 비행을 행하는 항공기국의 경우에 한한다)
기타의 항공기국	1. 전파형식 A3E 주파수 121.5 MHz 2. 전파형식 A3E 주파수 117.975 MHz 부터 137 MHz까지의 주파수대에서 과학기술정보통신부장관이 정하는 주파수

6. 수색구조에 종사하는 항공기에 있어서 장거리 취항 비행을 행하는 항공기국이 사용하여야 하는 주파수로 맞는 것은? (21년 1차)

① 108[MHz]

② 156.525[MHz]

③ 15638[MHz]

❹ 243.0[MHz]

3. 수색구조에 종사하는 항공기에 있어서 장거리 취항 비행을 행하는 항공기국이 사용하는 주파수로 맞는 것은? (18년 1차)

① 108[MHz]

② 156.8[MHz]

③ 156.525[MHz]

❹ 243.0[MHz]

14. 수색구조에 종사하는 항공기에 있어서 장거리 취항 비행을 행하는 항공기국이 사용하는 주파수로 맞는 것은? (15년 4차)

① 108[MHz]

② 156.8[MHz]

③ 156.252[MHz]

❹ 243.0[MHz]

다. 항공기 설치·운용 무선설비

> 무선국의 운용 등에 관한 규정 제9조(항공기에 갖추어야 하는 무선설비 등)
> ④ 항공기를 항공에 사용하려는 자 또는 소유자 등은 「항공안전법」 제51조에 따라 해당 항공기에 비상위치 무선표지설비, 2차감시레이더용 트랜스폰더 등의 무선설비를 설치·운용하여야 한다.
> ⑤ 경량항공기를 항공에 사용하려는 사람 또는 소유자 등은 「항공안전법」 제119조에 따라 해당 경량항공기에 무선교신용 장비, 항공기 식별용 트랜스폰더 등의 무선설비를 설치·운용하여야 한다.
> ⑥ 제4항 및 제5항에 따른 항공기와 경량항공기에 설치·운용하여야 할 무선설비는 별표 7의2와 같으며 이 설비의 성능과 기준은 법 제45조에 따른 기술기준에 적합하여야 한다.

무선국의 운용 등에 관한 규정 [별표 7의2]

항공안전법 제51조 및 제119조에 따라 항공기에 갖추어야 하는 무선설비
(제9조제6항 관련)

구 분	무 선 설 비
항공기국	1. 비행 중 항공교통관제기관과 교신할 수 있는 초단파(VHF) 또는 극초단파(UHF) 무선전화 송수신기 2. 기압고도에 관한 정보를 제공하는 2차 감시 항공교통관제 레이더용 트랜스폰더 3. 자동방향탐지기(ADF) 4. 계기착륙시설(ILS) 수신기 5. 전방향표지시설(VOR) 수신기 6. 거리측정시설(DME) 수신기 7. 기상레이더 또는 악기상 탐지장비 8. 비상위치지시용 무선표지설비(ELT)
경량 항공기국	1. 비행 중 항공교통관제기관과 교신할 수 있는 초단파(VHF) 또는 극초단파(UHF) 무선전화 송수신기 2. 기압고도에 관한 정보를 제공하는 2차 감시 항공교통관제 레이더용 트랜스폰더

3. 다음 중 항공운송사업에 사용되는 항공기에 의무적으로 설치하여야 하는 무선설비로 틀린 것은? (21년 4차)
   ① 초단파(VHF) 및 극초단파(UHF) 무선전화 송수신기
   ② 자동방향탐지기(ADF)
   ❸ LORAN(Long Range Navigation)
   ④ 거리측정시설(DME) 수신시

라. 무선국 무선설비 성능유지 (★)

> 구 무선국의 운용 등에 관한 규정(2019. 12. 2. 중앙전파관리소고시 제2019-3호로 일부개정되기 전의 것)
> 제63조(의무항공기국의 무선설비의 기능확인)
> ① 의무항공기국의 무선설비는 그 항공기의 비행전에 그 설비가 완전히 동작할 수 있는 상태인 것을 확인하여야 한다.
> ② 의무항공기국의 무선설비는 1천 시간을 사용할 때마다 1회 이상 그 송신장치의 출력과 변조도, 수신장치의 감도와 선택도에 대하여 「무선설비규칙」에서 정한 성능의 유지여부를 확인하여야 한다.

4. 의무항공국의 무선설비 성능유지를 확인하여야 하는 주기로 옳은 것은? (17년 1차)
   ① 500시간 사용할 때마다 1회 이상 확인
   ❷ 1,000시간 사용할 때마다 1회 이상 확인
   ③ 1,500시간 사용할 때마다 1회 이상 확인
   ④ 2,000시간 사용할 때마다 1회 이상 확인

8. 의무항공기국의 무선설비 성능유지를 확인하여야 하는 주기로 옳은 것은? (15년 4차)
   ① 500시간 사용할 때 마다 1회 이상 확인
   ❷ 1,000시간 사용할 때 마다 1회 이상 확인
   ③ 1,500시간 사용할 때 마다 1회 이상 확인
   ④ 2,000시간 사용할 때 마다 1회 이상 확인

8. 의무항공기국의 무선설비는 그 송신장치의 출력과 변조도, 수신장치의 감도와 선택도에 대하여 무선설비규칙에서 정한 성능의 유지여부를 얼마의 사용기간에 따라 1회 이상 확인하여야 하는가? (15년 1차)
   ❶ 1천시간
   ② 2천시간
   ③ 3천시간
   ④ 4천시간

마. 무선국 운용종료시 제한사항

> **무선국의 운용 등에 관한 규정 제66조(무선국 운용종료의 제한)**
> ① 항공국이 운용을 종료하고자 하는 때에는 통신이 가능한 범위 안에 있는 모든 항공기국에 그 뜻을 통지하여야 한다. 이 경우 정시 외의 시각에 다시 운용을 종료하고자 하는 때에는 그 예정시각도 통지하여야 한다.
> ② 제1항의 항공국은 같은 항의 통지결과 항공기국으로부터 운용시간 연장을 요구할 경우에는 그 요구된 시간까지 운용하여야 한다.

3. 다음 중 "항공국이 운용을 종료하고자 할 때의 제한사항"으로 틀린 것? (21년 1차)
   ① 통신이 가능한 범위 안에 있는 모든 항공기국에 대하여 그 뜻을 통지하여야 한다.
   ② 정시외의 시각에 다시 운용을 종료하고자 하는 때에는 그 예정시각도 통지하여야 한다.
   ③ 항공국은 운용종료 통지결과 항공기국으로부터 운용시간 연장을 요구한 경우에는 그 요구된 시간까지 운용하여야 한다.
   ❹ 통신을 행하였던 모든 항공국에 대해서 그 뜻을 통지하여야 한다.

바. 항공무선국 호출 순서

> **무선국의 운용 등에 관한 규정 제67조(호출)**
> ① 호출은 다음 각 호의 사항을 차례로 송신하여야 한다.
> 1. 상대국의 호출부호(상대국이 2 이상인 경우에는 각 1회) 1회
> 2. "여기는" 또는 "THIS IS"[DE] 1회
> 3. 자국의 호출부호 1회
> 4. 제97조에 따른 약어[우선순위 표시 약어] 1회
> ② 제1항에 따른 호출시 연락설정이 곤란하다고 인정되는 경우에는 호출부호를 3회까지 송신할 수 있다.

8. 항공무선통신업무국에서 행하는 호출순서를 바르게 나타낸 것은?(19년 4차)
   ① 자국의 호출부호 – "DE" – 상대국의 호출부호 – 청수주파수를 표시하는 약어
   ② 자국의 호출부호 – 상대국의 호출부호 – "DE" – 청수주수를 표시하는 약어
   ❸ 상대국의 호출부호 – "DE" – 자국의 호출부호 – 우선순위를 표시하는 약어
   ④ 상대국의 호출부호 – 자국의 호출부호 – "DE" – 우선순위를 표시하는 약어

사. 항공국·의무항공기국 청취의무

무선국의 운용 등에 관한 규정 제72조(항공국 및 의무항공기국의 청취의무)
① 항공국과 의무항공기국은 운용의무시간 중에 다음 각 호의 구분에 의하여 청취하여야 한다.
1. 항공국의 청취주파수

구 분	전파형식	주 파 수
의무청취	A3E	121.5 MHz
지정청취	A3E	2850 kHz부터 17970 kHz까지의 주파수에서 당해 무선국에 지정된 주파수 및 117.975 MHz부터 137 MHz 까지의 주파수 중에서 당해 무선국에 지정된 주파수

2. 의무항공기국의 전파형식은 A3E로 하며, 그 주파수는 당해 항공기가 항행하는 관할항공국이 지정한 주파수로 한다.
② 제1항제2호의 규정에 불구하고 의무항공기국은 통신중인 상대 항공기국의 승인이 있는 경우에는 청취를 하지 아니할 수 있다.

15. 항공국의 의무청취 및 지정청취 주파수가 아닌 것은? (15년 1차)
① 121.5 MHz
② 2.850 kHz부터 17.970 kHz 까지의 당해 무선국에 지정된 주파수
③ 117.975 MHz부터 137 MHz 까지의 당해 무선국에 지정된 주파수
❹ 243 MHz

아. 의무항공기국 운용시간

무선국의 운용 등에 관한 규정 제74조(의무항공기국의 운용시간)
① 의무항공기국의 운용의무시간은 그 항공기의 항행 중으로 한다.
② 제1항에 따른 운용의무시간 외에 의무항공기국을 운용할 수 있는 경우는 다음 각 호와 같다.
1. 무선통신에 의하지 아니하고는 통신연락수단이 없는 경우로서 긴급한 통보를 항공이동업무국 또는 해상이동업무국에 송신하는 경우
2. 무선국 검사에 필요한 경우
3. 항행준비중인 경우

13. 다음 중 운용의무시간 외에 의무항공기국을 운용할 수 있는 경우가 아닌 것은? (15년 4차)
   ① 통신연락 수단이 없는 경우 긴급한 통보를 항공이동업무국에 송신하는 경우
   ② 무선국 검사에 필요한 경우
   ③ 항행 준비 중인 경우
   ❹ 항공기 보안사무에 관한 통신을 하는 경우

자. 항공이동업무 일방송신

> **무선국의 운용 등에 관한 규정 제77조(일방송신)**
> ① 항공무선통신망에 속하는 관할항공국[=책임항공국]은 제76조제1항(같은 조 제4항에 의하여 준용되는 경우를 포함한다)에 따라 협력을 요구하여도 그 항공기국과의 통신연락설정이 되지 아니하는 경우에는 협력을 요청받은 무선국에 지장이 없는 범위안에서 제1주파수 및 제2주파수에 의하여 일방적으로 통보를 송신할 수 있다.
> ② 제1항의 일방송신에도 불구하고 항공기국과의 통신연락설정이 되지 아니하는 경우에는 제1항의 항공무선통신망에 속하지 아니하는 인근 관할항공국은 당해 항공기국과 최후로 사용한 전파를 사용하여 일방적으로 통보를 송신할 수 있다.
> ③ 제1항의 규정은 항공기국이 항공무선통신망에 속하는 관할항공국과의 사이에 연락설정이 되지 아니하는 경우에 관하여 이를 준용한다.
> ④ 항공기국은 수신설비의 고장으로 관할항공국과 연락설정을 할 수 없는 경우에 일정한 시각 또는 장소에서 보고할 사항의 통보가 있는 때에는 당해 관할항공국에서 지시된 전파로 일방송신에 의하여 그 통보를 송신하여야 한다.
> ⑤ 무선전화에 의하여 제3항에 따른 일방송신을 행하는 때에는 "수신설비의 고장으로 인한 일방송신"이라는 약어 또는 이에 해당하는 다른 약어를 먼저 보내고 행하는 그 통보를 반복하여 송신하여야 한다. 이 경우 그 통신에 이어 다음 통보의 송신예정시각을 통지하여야 한다.

2. 항공무선통신망에서 통신연락설정이 되지 아니하는 경우에 책임항공국과 항공기국의 "일방송신"에 대한 설명으로 틀린 것은? (20년 4차)
   ① 책임항공국은 제1주파수 및 제2주파수의 전파에 의하여 일방적으로 통보를 송신할 수 있다.
   ② 인근 책임항공국은 당해 항공기국과 최후로 사용한 전파로 일방적으로 통보를 송신할 수 있다.
   ❸ 책임항공국은 수신설비의 고장으로 항공기국과과 연락설정을 할 수 없는 경우에 항공기국에서 지시된 전파로 일방송신에 의하여 통보를 송신하여야 한다.
   ④ 무선전화에 의하여 일방송신을 행하는 때에는 "수신설비의 고장으로 인한 일방송신" 이라는 약어 또는 이에 해당하는 다른 약어를 먼저 보내고 행하는 그 통보를 반복하여 송신하여야 한다.

5. 항공이동업무국의 운용에서 책임항공국이 항공기국에 대하여 통신연락을 설정할 수 없는 경우의 일방송신 방법으로 틀린 것은? (16년 1차)
① 책임항공국은 통신연락설정을 일방적으로 통보를 송시할 수 있다.
② 인근 책임항공국은 당해 항공기국과 최후로 사용한 전파로 일방적으로 송신할 수 있다.
❸ 항공기국은 수신설비의 고장으로 책임항공국과 연락설정을 할 수 없는 경우 책임항공국에서 지시된 전파로 일방송신을 할 수 없다.
④ 항공기국이 일방송신을 행하는 때에는 "수신설비의 고장으로 인한일방송신" 등 약어를 먼저 보내고 행하는 그 통보를 반복하여 송신하여야 한다.

차. 항공이동업무 통신 우선순위 (★★★)

무선국의 운용 등에 관한 규정 제81조(통보의 종별과 우선순위)
① 항공이동업무에 있어서 통신의 우선순위는 다음 각 호의 순서에 의하여야 한다.
1. 조난통신   [두문자 : 조/급/무/안/기]
2. 긴급통신
3. 무선방향탐지와 관련된 통신
4. 비행안전 메시지
5. 기상 메시지
6. 비행규칙 메시지
7. 국제연합(UN)헌장의 적용관련 메시지
8. 우선권이 특별히 요구되는 정부 메시지
9. 전기통신업무의 운용 등 업무용 통신
10. 제1호부터 제9호까지 정한 통신 외의 통신
② 노탐(항공고시보)에 관한 통신은 긴급의 정도에 따라 제1항제2호의 긴급통신 다음으로 그 순위를 적절하게 선택할 수 있다.
③ 제1항제4호 및 제6호에 정한 통신의 통보요령은 별표 21과 같다.

무선국의 운용 등에 관한 규정 [별표 21]

항공기의 안전운항 및 항공기의 정상운항에 관한 통신의 통보요령
(제81조제3항관련)

1. 항공기의 안전운항에 관한 통신의 통보
  가. 항공교통관제에 관한 통보

> 　나. 항공기의 위치보고
> 　다. 항행중 항공기에 관하여 시급한 통보
> 2. 항공기의 정상운항에 관한 통신의 통보
> 　가. 항공기의 운항계획 변경에 관한 통보
> 　나. 항공기의 운항에 관한 통보
> 　다. 운항계획 변경에 의한 여객 및 승무원의 용품의 변경에 관한 통보
> 　라. 항공기의 예정 외에 착륙에 관한 통보
> 　마. 항공기의 안전운항 또는 정상 운항에 관하여 필요한 시설의 운용 또는 보수에 관한 통보
> 　바. 시급히 입수하여야 할 항공기의 부분품 및 재료에 관한 통보

9. 항공이동통신 업무에서 통신의 우선순위 중 가장 높은 것은? (22년 1차)
   ❶ 조난통신
   ② 긴급통신
   ③ 무선방향탐지에 관한 통신
   ④ 항공기 안전운항에 관한 통신

2. 다음 중 항공이동업무에 있어서 통신의 우선순위로 옳은 것은? (21년 4차)
   ❶ 조난통신 - 긴급통신 - 무선방향탐지와 관련된 통신
   ② 무선방향탐지와 관련된 통신 - 조난통신 - 긴급통신
   ③ 긴급통신 - 조난통신 - 무선방향탐지와 관련된 통신
   ④ 기상메시지 - 조난통신 - 무선방향탐지와 관련된 통신

1. 다음 중 항공이동업무에 있어서 통신의 우선순위가 옳게 나열된 것은? (21년 1차)
   ① 무선방향탐지와 관련된 통신 - 기상메시지 - 비행안전메시지
   ❷ 무선방향탐지와 관련된 통신 - 비행안전메시지 - 기상메시지
   ③ 비행안전메시지 - 무선방향탐지와 관련된 통신 - 기상메시지
   ④ 비행안전메시지 - 기상메시지 - 무선방향탐지와 관련된 통신

4. 다음 중 항공이동업무에 있어서 통신의 우선순위로 옳은 것은? (20년 4차)
   ① 조난통신 - 긴급통신 - 항공기 안전운항통신 - 무선방향탐지통신
   ② 조난통신 - 항공기 안전운항통신 - 긴급통신 - 무신방향탐지통신
   ❸ 조난통신 - 긴급통신 - 무선방향탐지통신 - 항공기 안전운항통신
   ④ 긴급통신 - 조난통신 - 무선방향탐지통신 - 항공기 안전운항통신

3. 다음 중 항공이동업무에 있어서 통신의 우선순위가 가장 우선인 것은? (19년 4차)
   ❶ 무선방향탐지에 관한 통신
   ② 항공기의 안전운항에 관한 통신
   ③ 기상통보에 관한 통신
   ④ 항공기의 정상운항에 관한 통신

7. 다음 중 항공이동업무 통신에 있어 우선순위가 가장 하위인 것은? (19년 4차)
   ❶ 기상통보에 관한 통신
   ② 조난통신
   ③ 무선방향탐지에 관한 통신
   ④ 긴급통신

7. 다음 중 항공기의 정상운항에 관한 통신의 통보가 아닌 것은? (18년 4차)
   ① 항공기의 운항계획 변경에 관한 통보
   ② 항공기의 예정 외 착륙에 관한 통보
   ③ 시급히 입수하여야 할 항공기 부분품에 관한 통보
   ❹ 항공교통관제에 관한 통보

5. 다음 중 항공이동업무 통신에 있어 우선순위가 가장 하위인 것은? (17년 1차)
   ❶ 기상통보에 관한 통신
   ② 조난통신
   ③ 무선방향탐지에 관한 통신
   ④ 긴급통신

13. 다음 중 항공이동업무에 있어서 통신의 우선순위가 올게 나열된 것은? (16년 1차)
   ① 조난통신 - 기상통보에 관한 통신 - 무선방향탐지에 관한 통신
   ❷ 조난통신 - 긴급통신 - 무선방향탐지에 관한 통신
   ③ 조난통신 - 기상통보에 관한 통신 - 항공기 안전운항에 관한 통신
   ④ 조난통신 - 항공기 안전운항에 관한 통신 - 긴급통신

카. 항공이동업무 통보 구성

> **무선국의 운용 등에 관한 규정 제82조(통보의 구성)**
> ① 항공이동업무에서 취급되는 통보는 다음 각 호에 정한 순서대로 구성하여야 한다.
> 1. 호출(발신국이 표시되는 것)
> 2. 본문
> ② 항공기국이 발신하는 무선전화에 의한 통보로서 항공고정업무에 의한 전송을 필요로 하는 것은 다음 각 호에 정한 순서로 구성되어야 한다. 다만, 당해 통보의 송달에 대하여 미리 협정이 있는 것의 구성은 제1항에 따른다.
> 1. 호출(발신국이 표시되는 것)
> 2. "FOR"(구문인 경우에 한한다)
> 3. 수신인 명칭
> 4. 착신국 명칭
> 5. 본문
> ③ 항공국은 항공고정업무를 경유하여 전송된 통보로서 무선전화에 의하여 항공기국에 송신하는 것에 대하여는 당해 통보를 다음 각 호에 정한 순서대로 구성하여야 한다.
> 1. 본문
> 2. "FROM"(구문인 경우에 한한다)
> 3. 발신인의 명칭과 소재지명

6. 항공국은 항공고정업무를 경유하여 전송된 통보로서 무선전화에 의하여 항공기국에 송신하는 것에 대한 통보의 구성 순서로 옳은 것은? (20년 4차)
   ❶ 본문 – "FROM"(구문인 경우) – 발신인의 명칭과 소재지명
   ② 호출 – 발선인의 명칭과 소재지명
   ③ 본문 – 호출 – 발신인의 명칭과 소재지명
   ④ 본문 – 수신인 명칭 – 발신인의 명칭과 소재지명

12. 항공국은 항공고정업무를 경유하여 전송된 통보로서 무선전화에 의하여 항공기국에 송신하는 것에 대하여는 당해 통보를 구성한 순서가 맞는 것을 고르시오. (16년 1차)
    ❶ 본문-"FROM"(구문인 경우에 한한다)-발신인의 명칭과 소재지명
    ② 호출-발신인의 명칭과 소재지명
    ③ 본문-호출-발신인의 명칭과 소재지명
    ④ 본문-수신인 명칭- 발신인의 명칭과 소재지명

타. 항공기국의 해상이동업무국과 통신

> **무선국의 운용 등에 관한 규정 제84조(해상이동업무국과의 통신)**
> 항공기국이 해상이동업무국과 통신하는 경우에는 해상이동업무에 분배된 주파수를 사용할 수 있다. 이 경우 항공기국은 이 절의 규정에 불구하고 제4장의 해상이동업무국에 관한 규정에 따른다.

16. 항공기국이 해상이동업무를 하는 무선국과 통신할 경우 통상 어느 업무와 관련된 규정에 따라야 하는가? (15년 4차)
   ① 항공이동업무의 규정
   ❷ 해상이동업무의 규정
   ③ 이동업무에 대한 국제 규정
   ④ 국제민간항공 관련 규정

파. 항공이동업무 121.5MHz 사용

> **무선국의 운용 등에 관한 규정 제88조(121.5 MHz의 주파수 사용)**
> 121. 5 MHz의 주파수의 사용은 다음 각 호의 어느 하나인 경우에 한정한다.
> 1. 급박한 위험상태에 있는 항공기국과 지상의 항공국 간에 통신을 행하는 경우로서 통상 사용하는 전파가 명확하지 아니하거나 다른 항공기국간에 사용하고 있는 경우
> 2. 수색과 구조작업에 종사하는 항공기국 상호간 또는 항공기국이 지상의 항공국 또는 해상의 선박국과의 통신을 행하는 경우
> 3. 121.5 MHz외의 주파수를 사용할 수 없는 항공기국과 항공국간에 통신을 행하는 경우
> 4. 제1호 및 제2호에 준하는 경우로서 긴급을 요하는 통신을 행하는 경우

2. 다음 중 "121.5[MHz]의 주파수를 사용"할 수 있는 경우로 틀린 것? (21년 1차)
   ① 급박한 위험상태에 있는 항공기국과 항공기국간의 통신
   ❷ 안전을 요하는 경우의 통신
   ③ 수색과 구조작업에 종사하는 항공기의 항공기국 상호간 통신
   ④ 121.5[MHz] 외의 주파수를 사용할 수 없는 항공기국과 항공국간의 통신

11. 다음 중 121.5[MHz] 주파수를 사용 할 수 있는 경우가 아닌 것은? (16년 1차)
① 급박한 위험상태에 있는 항공기국과 항공기국간의 통신
❷ 안전을 요하는 경우의 통신
③ 수색과 구조작업에 종사하는 항공기의 항공기국 상호간 통신
④ 121.5[MHz] 외의 주파수를 사용할 수 없는 항공기국과 항공국간의 통신

하. 항공이동업무 무선전화 시험통신

> 무선국의 운용 등에 관한 규정 제89조(무선전화에 의한 시험통신)
> ① 항공기국이 항공국과 무선전화에 의한 시험통신을 행하는 경우에는 다음 각 호의 사항을 순서대로 송신하여야 한다.
> 1. 상대국의 호출부호 또는 호출명칭 1회
> 2. "여기는" 또는 "THIS IS" 1회
> 3. 자국의 호출부호 또는 호출명칭 1회
> 4. 다음 각목의 경우에는 다음 약어 1회
>   가. 항공기의 항행중 시험을 하는 경우 : 감도시험
>   나. 항공기의 출발직전에 시험을 하는 경우 : 비행전 시험
>   다. 기타 지상에서 통신시험하는 경우 : 성비시험
> 5. 사용하고 있는 주파수 1회
> 6. "이상" 또는 "OVER" 1회
> ② 제1항의 시험통신에 응하는 항공국은 다음 각 호의 사항을 순서대로 송신하여야 한다.
> 1. 상대항공기국의 호출부호 또는 호출명칭 1회
> 2. "여기는" 또는 "THIS IS" 1회
> 3. 자국의 호출부호 또는 호출명칭 1회
> 4. 명료도 1회
> 5. "이상" 또는 "OVER" 1회

9. 다음 중 항공기국이 항공국과 무선전화에 의한 시험통신에 행할 때 가장 먼저 송신하는 것은?
   (15년 1차)
❶ 상대국의 호출부호
② 자국의 호출부호
③ 사용하고 있는 주파수
④ 명료도

거. 항공이동업무 방위측정요구

> 무선국의 운용 등에 관한 규정 제92조(방위측정의 요구)
> 항공기국이 방위측정을 요구하고자 하는 때에는 **무선방향탐지국** 또는 방위측정에 관한 관할항공국에 하여야 한다.

1. 항공기국은 방위측정의 청구를 어디에 하여야 하는가? (22년 1차)
   ① 무선측위국
   ② 의무항공기국
   ❸ 무선방향탐지국
   ④ 선박국

2. 항공기국이 방위를 측정하고자 하는 경우 어디에 청구하여야 하는가? (18년 4차)
   ❶ 무선방향탐지국
   ② 인근 항공기국
   ③ 방송국
   ④ 무선표지국

너. 항공이동업무 무선전화 방위측정 (★)

> 무선국의 운용 등에 관한 규정 제93조(무선전화에 의한 측정전파의 발사방법)
> 항공기국은 무선전화통신에 의하여 무선방향탐지국에 대하여 방위측정용 부호를 송신하고자 하는 경우에는 다음 각 호의 사항을 순서대로 송신하여야 한다. 다만, 당해 무선방향탐지국으로부터 특별한 요구가 있는 경우에는 그 요구에 의한다.
> 1. **자국의 호출부호**(또는 호출명칭)
> 2. **각 10초간의 2선**
> 3. **자국의 호출부호**(또는 호출명칭)

4. 다음 중 "항공기국이 무선전화통신으로 무선방향탐지국에 대하여 방위측정용 부호를 송신하고자 하는 경우 송신순서"로 옳은 것은? (22년 1차)
   ❶ 자국의 호출부호 - 각 10초간의 2선 - 자국의 호출부호
   ② 상대국의 호출부호 - 각 10초간의 2선 - 자국의 호출부호
   ③ 자국의 호출부호 - 각 20초간의 2선 - 상대국의 호출부호
   ④ 상대국의 호출부호 - 각 20초간의 2선 - 자국의 호출부호

7. 다음 중 "항공기국이 무선전화통신으로 무선방향탐지국에 대하여 방위측정용 부호를 송신하고자 하는 경우 송신순서"로 옳은 것은? (21년 4차)
   ❶ 자국의 호출부호 – 각 10초간의 2선 – 자국의 호출부호
   ② 상대국의 호출부호 – 각 10초간의 2선 – 자국의 호출부호
   ③ 자국의 호출부호 – 각 20초간의 2선 – 상대국의 호출부호
   ④ 상대국의 호출부호 – 각 20촨의 2선 – 자국의 호출부호

6. 항공기국이 무선전화통신으로 무선방향탐지국에 대하여 방위측정용 부호를 송신하고자 하는 경우 송신순서로 맞는 것은? (17년 1차)
   ❶ 자국의 호출부호 – 각 10초간의 2선 – 자국의 호출부호
   ② 상대국의 호출부호 – 각 10초간의 2선 – 자국의 호출부호
   ③ 자국의 호출부호 – 각 20초간의 2선 – 상대국의 호출부호
   ④ 상대국의 호출부호 – 각 20초간의 2선 – 자국의 호출부호

5. 다음 중 항공기국이 무선전화통신으로 무선방향탐지국에 대하여 방위측정용 부호를 송신하고자 하는 경우 송신순서로 맞는 것은? (15년 4차)
   ❶ 자국의 호출부호 – 각 10초간의 2선 – 자국의 호출부호
   ② 상대국의 호출부호 – 각 10초간의 2선 – 자국의 호출부호
   ③ 자국의 호출부호 – 각 20초간의 2선 – 상대국의 호출부호
   ④ 상대국의 호출부호 – 각 20초간의 2선 – 자국의 호출부호

더. 항공고정업무 소통 확보

구 무선국의 운용 등에 관한 규정(2020. 9. 22. 중앙전파관리소고시 제2020-1호로 일부개정되기 전의 것) 제94조(소통의 확보)
① 무선국은 수신상태의 불량으로 통신연락을 설정할 수 없는 경우에는 당해 통신연락을 설정하기 위하여 통상 사용하는 전파에 의하여 청취하는 동시에 다음 각 호의 구분에 따라 송신하여야 한다. 다만, 제1호 가목의 경우에는 3 분을 초과하지 아니하는 규칙적인 간격을 두어야 한다.
1. 수송방식에 의하여 송신하는 경우
   가. "V" 적의(適宜) 연속
   나. 자국의 호출부호 1회
2. 텔레타이프라이터에 의하여 송신하는 경우
   가. 상대국의 식별표지 3회
   나. "DE" 1회

> 다. 자국의 식별표지 3회
> 라. "RY" 일렬로 무간격으로 반복
>
> ② 통신로 또는 무선설비가 불량한 상태에 있는 무선국은 그 상태가 통신의 상대방이 되는 무선국의 통신소통에 지장을 줄 우려가 있는 경우에는 당해 무선국에 대하여 즉시 그 뜻을 통지하여야 한다. 불량한 상태에서 회복되는 경우에도 또한 같다.

5. 항공고정업무국의 통신연락 방법 중 "수송방식에 의하여 송신"하는 방법으로 옳은 것은? (22년 1차)

① "O" 적의 연속 ⇒ 자국의 호출부호 1회
② "S" 적의 연속 ⇒ 자국의 호출부호 1회
❸ "V" 적의 연속 ⇒ 자국의 호출부호 1회
④ "X" 적의 연속 ⇒ 자국의 호출부호 1회

10. 항공고정업무국의 운용에서 수신상태의 불량으로 통신연락을 설정할 수 없는 경우에 통신연락을 설정하기 위하여 수송방식에 의해 송신하는 방법으로 올바른 것은? (15년 4차)

① "O" 적의 연속 - 자국의 호출부호 1회
② "S" 적의 연속 - 자국의 호출부호 1회
❸ "V" 적의 연속 - 자국의 호출부호 1회
④ "X" 적의 연속 - 자국의 호출부호 1회

러. 항공고정업무 통보 구성

> **무선국의 운용 등에 관한 규정 제95조(통보의 구성)**
> 통보는 다음 각 호에 정한 순서대로 구성하여야 한다.
> 1. 통보의 우선순위, 일련번호, 본문어수, 발신일, 접수시각
> 2. 수신부서명
> 3. 발신부서명
> 4. 본문

11. 항공고정업무국의 운용에 있어 '통보의 구성' 요소가 아닌 것은? (15년 4차)

① 통보의 우선순위
② 수신부서명
③ 발신부서명
❹ 상대국의 식별표지

제1장 전파법규

> 구 무선국의 운용 등에 관한 규정(2019. 12. 2. 중앙전파관리소고시 제2019-3호로 일부개정되기 전의 것)
> 제98조(조난통신의 사용전파 등)
> ① 조난통신의 송신에 사용하는 전파는 책임항공국으로부터 지시된 전파로 하여야 한다. 다만, 그 전파에 의하는 것이 불가능하거나 부적당할 때에는 그러하지 아니하다.
> ② 조난항공기국은 책임항공국으로부터 지시된 전파로 조난호출 및 조난통보의 송신을 행하여도 응답이 없는 경우에는 다른 적절한 전파로 변경하여 그 호출 및 통보의 송신을 행할 수 있다. 이 경우 가능한 한 Q약어 또는 적당한 어구에 의하여 전파변경에 관한 뜻을 표시하여야 한다.
> ③ 항공기국은 조난호출과 조난통보의 송신을 행하는 경우에 제1항의 전파 외에 자국이 500 kHz, 2182 kHz 또는 156.8 MHz의 주파수를 갖추고 있는 때에는 그 주파수에 의하여 당해 송신을 행하여야 한다. 다만, 그 주파수에 의하여 송신할 시간적 여유가 없는 때에는 그러하지 아니하다.

17. 다음 중 항공기가 책임항공국으로부터 조난통신에 사용하는 전파를 지시받지 못한 경우에 행할 수 있는 조난통신용 주파수로 적절하지 않은 것은? (15년 1차)
   ① 156.8 MHz
   ② 2182 kHz
   ③ 500 kHz
   ❹ 145 MHz

18. 다음 중 항공기가 책임항공국으로부터 조난통신에 사용하는 전파를 지시받지 못한 경우에 행할 수 있는 조난통신용 주파수로 적합하지 않은 것은? (21년 1차)
   ① 156.8[MHz]
   ② 2182[kHz]
   ③ 500[kHz]
   ❹ 145[MHz]

머. 항공고정업무 무선전화 조난호출

> **무선국의 운용 등에 관한 규정 제99조(무선전화에 의한 조난호출)**
> 무선전화에 의한 조난호출은 다음 각 호의 사항을 순서대로 송신하여야 한다.
> 1. "조난" 또는 "MAYDAY" 3회
> 2. "여기는" 또는 "THIS IS" 1회
> 3. 조난항공기국의 호출부호 또는 호출명칭 3회
> 4. 주파수(국내 항공에 종사하는 항공기국에서는 필요하다고 인정한 경우에 한한다) 1회

3. 다음 중 항공기국의 무선전화에 의한 조난호출의 송신순서로 옳은 것은? (20년 4차)

❶ 조난 3회 – 여기는 1회 – 조난항공기국의 호출명칭 3회 – 주파수 1회
② 조난 3회 – 여기는 1회 – 주파수 1회 – 조난항공기국의 호출명칭 3회
③ 조난항공기국의 호출명칭 3회 – 여기는 1회 – 조난 3회 – 주파수 1회
④ 조난항공기국의 호출명칭 3회 – 여기는 1회 – 주파수 1회 – 조난 3회

버. 항공고정업무 조난통보

> **무선국의 운용 등에 관한 규정 제100조(조난통보)**
> ① 조난호출을 행한 항공기국은 지체 없이 그 조난호출에 이어서 조난통보를 순서대로 송신하여야 한다.
> 1. 조난호출
> 2. 조난항공기의 식별표지
> 3. 조난항공기의 위치(가능한 한 경도, 위도 또는 가장 가까운 지점에서의 방위와 거리로 표시한다)
> 4. 조난의 종류·상황과 필요로 하는 구조의 종류
> 5. 기타 구조상 필요한 사항(기장이 행하고자 하는 조치를 포함한다)
> ② 제1항의 조난통보를 송신하는 경우에 시간적 여유가 있는 때에는 같은 항 제3호의 위치와 함께 그 위치를 측정한 시각·침로(자침로 또는 진침로의 구별을 표시할 것)대기속도·고도 및 항공기의 형식을 표시하여야 한다.
> ③ 조난항공기국이 조난호출에 이어서 즉시 제1항제3호부터 제5호까지의 사항을 송신할 수 있을 때에는 같은 항 제1호 및 제2호의 사항은 기장의 허가를 얻어 생략할 수 있다.
> ④ 조난항공기국이 조난호출에 이어 즉시 송신할 수 없었던 조난통보를 송신하는 경우에는 제1항제2호의 사항을 생략할 수 있다.

5. 다음 중 항공기국의 조난 통보 내용이 아닌 것은? (19년 4차)
   ❶ 우선순위 약어 "KK"
   ② 조난 항공기의 식별표지
   ③ 조난 항공기의 위치
   ④ 조난의 종류·상황과 필요로 하는 구조의 종류

서. 항공고정업무 조난통보 수신한 항공국 조치

> 무선국의 운용 등에 관한 규정 제101조(조난통보를 수신한 항공국의 조치)
> 조난통보를 수신한 항공국은 즉시 다음 각 호의 조치를 취하여야 한다.
> 1. 당해 통보를 항공교통의 관리기관, 조난항공기의 구조기관 및 협력할 수 있는 무선방향탐지국에 통지하는 것
> 2. 조난항공기국이 최후에 사용한 주파수를 청취하고 가능한 그 항공기국이 사용할 것으로 보이는 다른 모든 주파수를 청취하는 것
> 3. 조난항공기가 해상에 있는 경우에는 적당한 해안국에 대하여 해상이동업무의 조난통신에 사용하는 전파에 의하여 당해 조난통보를 다시 송신할 것을 가장 신속한 방법에 의하여 요구하는 것

7. 다음 중 "조난통보의 수신증을 송신한 항공국의 조치"로 틀린 것은? (22년 1차)
   ① 항공교통의 관리기관에 통지한다.
   ② 조난항공기의 구조기관에 통지한다.
   ❸ 기상원조국에 통지한다.
   ④ 조난항공기국의 최후에 사용한 주파수의 전파를 청취한다.

9. 다음 중 조난통보의 수신증을 송신한 항공국의 조치로 잘못된 것은? (16년 1차)
   ① 항공교통의 관리기관에 통지한다.
   ② 조난항공기의 구조기관에 통지한다.
   ❸ 기상원조국에 통지한다.
   ④ 조난항공기국의 최후에 사용한 주파수의 전파를 청취한다.

어. 항공고정업무 조난통신 종료

> **무선국의 운용 등에 관한 규정 제102조(조난통신의 종료)**
> ① 조난항공기가 조난상태를 벗어 난 때에는 조난통신을 행한 전파에 의하여 그 뜻을 통지하여야 한다.
> ② 제51조의 규정은 제1항의 통지를 행하는 경우에 이를 준용한다.
> ③ 조난통신을 관장하는 무선국은 조난통신이 종료한 때에는 항공교통의 관리기관과 조난항공기의 구조기관에 그 뜻을 통지하여야 한다.
> ④ 제101조제3호에 따른 조치를 행한 무선국은 조난통신이 종료한 때에는 당해 해안국에 대하여 조난통신의 종료에 관한 통보를 당해 조난통보의 재송신에 사용한 전파에 의하여 송신할 것을 요구하여야 한다.

5. 다음 중 "조난항공기가 조난상태를 벗어난 때의 조치사항으로 틀린 것은? (20년 4차)
   ① 조난통신을 행한 전파에 의하여 그 뜻을 통지하여야 한다.
   ② 조난통신을 관장한 무선국은 항공교통의 관리기관에 그 뜻을 통지하여야 한다.
   ③ 조난통신을 관장한 무선국은 조난항공기의 구조기관에 그 뜻을 통지하여야 한다.
   ❹ 조난통신을 행한 주파수에 의하여 그 뜻을 통지하여야 한다.

저. 경보신호

> **구 무선국의 운용 등에 관한 규정(2019. 12. 2. 중앙전파관리소고시 제2019-3호로 일부개정되기 전의 것) 제104조(준용규정)**
> 제27조에서 제33조, 제38조, 제41조에서 제46조, 제48조에서 제52조, 제55조에서 제58조, 제60조 및 제61조의 규정은 항공국과 항공기국에 관한 조난통신·긴급통신·안전통신 및 비상통신에 관하여 이를 준용한다.
>
> **구 무선국의 운용 등에 관한 규정(2019. 12. 2. 중앙전파관리소고시 제2019-3호로 일부개정되기 전의 것) 제33조(경보신호)**
> ① 경보신호는 다음 각 호의 통신을 행하는 경우에 한정하여 사용하여야 한다.
> 1. 조난호출 또는 조난통보
> 2. 승객 또는 승무원이 선외로 떨어진 경우에 다른 선박에 구조를 구하기 위한 긴급호출(긴급신호의 송신만으로는 목적을 달성할 수 없다고 인정하는 때에 한정한다)
> 3. 안전신호를 먼저 보내고 행하는 긴급 폭풍경보
> ② 경보신호의 구성은 다음 각 호와 같다.
> 1. 무선전신에 의한 경보신호는 1 분간에 송신하는 12선으로 구성되고 각선의 길이는 4 초간, 그 간격은 1 초간으로 한다.

2. 무선전화에 의한 경보신호는 교대로 송신하는 실질적인 정현파인가청주파수가 다른 2음(1음은 2200Hz 의 주파수, 다른 1음은 1300Hz의 주파수)으로 구성되고 각 음의 길이는 250 밀리초로 한다. 이 경우 자동송신기에 의하는 때에는 30 초 이상 송신하되 1 분을 초과하여서는 아니 되고, 다른 방법에 의하는 때에는 가능한 약 1 분간 계속하여 송신하여야 한다.
3. 디지털선택호출장치에 의한 경보신호는 별표 16과 같다.
4. 인마세트 선박지구국에 의한 경보신호는 별표 17과 같다.
5. 해안지구국의 인마세트 고기능그룹호출수신기에 의한 경보신호는 별표 18과 같다.

6. 무선전화에 의한 경보신호는 교대로 송신하는 실질적인 정현파인 가청주파수가 다른 2음으로 구성된다. 그 2음의 주파수는? (19년 4차)
   ① 2,200[Hz], 1,000[Hz]
   ❷ 2,200[Hz], 1,300[Hz]
   ③ 2,200[Hz], 1,500[Hz]
   ④ 2,200[Hz], 1,800[Hz]

5. 무선전화에 의한 경보신호는 교대로 송신하는 실질적인 정현파인 가청 주파수가 다른 2음으로 구성된다. 그 2음의 주파수는? (18년 1차)
   ① 2,200[Hz], 1,000[Hz]
   ❷ 2,200[Hz], 1,300[Hz]
   ③ 2,200[Hz], 1,500[Hz]
   ④ 2,200[Hz], 1,800[Hz]

3. 항공통신업무운영규정(공항시설법 제53조·동법 시행규칙 제44조에 따른 행정규칙)

가. 「항공통신업무운영규정」의 근거

공항시설법 제53조(항공통신업무 등)
① 국토교통부장관은 항공교통업무가 효율적으로 수행되고, 항공안전에 필요한 정보·자료가 항공통신망을 통하여 편리하고 신속하게 제공·교환·관리될 수 있도록 항공통신에 관한 업무(이하 "항공통신업무"라 한다)를 수행하여야 한다.
② 항공통신업무의 종류, 운영절차 등에 관하여 필요한 사항은 국토교통부령으로 정한다.

공항시설법 시행규칙 제44조(항공통신업무의 종류 등)
① 법 제53조제1항에 따라 지방항공청장(항공로용으로 사용되는 항공정보통신시설 및 항행안전무선시설의 경우에는 항공교통본부장을 말한다)이 수행하는 항공통신업무의 종류와 내용은 다음 각 호와 같다.
1. 항공고정통신업무: 특정 지점 사이에 항공고정통신시스템(AFTN/MHS) 또는 항공정보처리시스템(AMHS) 등을 이용하여 항공정보를 제공하거나 교환하는 업무
2. 항공이동통신업무: 항공국과 항공기국 사이에 단파이동통신시설(HF Radio) 등을 이용하여 항공정보를 제공하거나 교환하는 업무
3. 항공무선항행업무: 항행안전무선시설을 이용하여 항공항행에 관한 정보를 제공하는 업무
4. 항공방송업무: 단거리이동통신시설(VHF/UHF Radio) 등을 이용하여 항공항행에 관한 정보를 제공하는 업무
② 제1항에 따른 항공통신업무의 종류별 세부 업무내용과 운영절차 등에 관하여 필요한 사항은 국토교통부장관이 정하여 고시한다.

항공통신업무운영규정 제1조(목적)
이 규정은 「공항시설법」제53조제2항과 같은 법 시행규칙 제44조제2항에 따른 항공통신업무의 종류별 세부적인 업무내용과 운영절차 등에 관한 사항을 정하는데 목적이 있다.

나. 국제항공통신업무 분류

항공통신업무운영규정 제2조(정의)
이 규정에서 사용하는 용어의 뜻은 다음과 같다.
1. 항공통신 업무란 다음의 업무를 말한다.
    가. "항공방송업무(Aeronautical broadcasting service)"란 항행과 관련된 정보전송을 위한 방송업무를 말한다.
    나. "항공고정업무(Aeronautical fixed service)" 란 효율적이고 경제적인 항공서비스의 운영을 위해, 주로 항행안전에 대비하여 명시된 고정지점들 간에 통신 업무를 말한다.
    다. 항공이동업무(Aeronautical mobile service, RR S1.32)"란 지상통신국들과 항공기국들 또는 항공기국들 간의 이동업무를 말한다.
    라. "항공무선항행업무(Aeronautical radio navigation service, RR S1.46)"란 항공기의 편의 및 안전 운행을 위한 무선항행업무를 말한다.
    마. "항공통신업무(Aeronautical telecommunication service)"란 모든 항행목적을 위해 제공되는 통신업무를 말한다.
    바. "국제통신업무(International telecommunication service)"란 국가의 사무소들 또는 기지국들 (stations)간에, 또는 이동국들(Mobile stations) 간의 통신 업무를 말한다.
    사. "공대지 관제무선국(air-ground control radio station)이란 주어진 지역에서의 항공관제를 위한 통신에 대해 일차적 책임을 갖는 항공통신국을 말한다.
    아. "무선방향탐지(RR S1.12)"란 무선국 또는 물체의 방향을 측정할 목적으로 전파를 수신하는 무선측위를 말한다.
    자. "정규 항공통신국(Regular station)"이란 관제기관이 정상상태에서 항공기와 통신하거나 항공기로부터의 통신에 개입하기 위하여 항로상 공중-지상간 무선전화통신망을 형성하도록 지정한 통신국을 말한다.

18. 다음 중 국제민간항공기구에서 정한 국제항공통신업무의 분류로 옳지 않은 것은? (18년 1차)
    ① 항공고정업무
    ② 항공이동업무
    ③ 항공무선항행업무
    ❹ 항공무선측위업무

다. 항공고정통신업무 운영기준 (★★)

항공통신업무운영규정 제11조(운영기준 및 절차)
① 항공통신업무종사자 또는 항행안전시설 관리자는 항공통신업무를 제공 또는 수행함에 있어 별표에서 정한 세부적인 운영기준 및 절차를 적용하여야 한다.
② 지방청장, 교통본부장 및 항행안전시설 관리자는 이 규정의 시행에 필요한 세부적인 사항을 정하여 장관의 승인을 받고 시행하여야 한다.
③ 이 규정에서 정하지 않은 항공통신업무의 내용 및 운영절차 등에 관한 사항은 ICAO 부속서 10 제2권을 적용한다.

[별표]

항공통신업무 운영기준 및 절차

Ⅰ. 항공고정통신업무

2. 항공고정통신업무(AFS) 운용기준 및 절차

2.3 항공고정통신망(AFTN)

2.3.1 일반사항

2.3.1.1 항공고정통신망에서 취급하는 전문의 종류는 다음과 같다.
 1) 조난전문
 2) 긴급전문
 3) 비행안전전문
 4) 기상전문
 5) 비행규칙전문
 6) 항공정보업무(AIS)전문
 7) 항공행정전문
 8) 서비스전문

2.3.1.1.1 조난전문(우선순위 SS)은 이동통신국이 중대하고 급박한 위험에 처해있는 상황을 보고하는 이동통신국에 의해 송신되는 전문과 조난중에 있는 이동통신국에서 필요로 하는 긴급한 지원에 관련된 기타 모든 전문들로 구성되어야 한다.

2.3.1.1.2 긴급전문(우선순위 DD)은 선박, 항공기 또는 기타 이동체, 선상 또는 시계안에 있는 인명의 안전에 관련된 전문들로 구성되어야 한다.

2.3.1.1.3 비행안전전문(우선순위 FF)은 다음과 같은 전문들로 구성되어야 한다.
  1) ICAO PANS-ATM(Doc4444), Chapter 11에 규정된 이동 및 관제전문
  2) 비행중이거나 이륙준비중인 항공기에 대하여 직접 관련된 항공사가 발신하는 전문
  3) SIGMET 정보, 특별 비행보고서, AIRMET 전문, 화산재 및 열대성태풍 정보 및 수정예보들로 제한된 기상전문

2.3.1.1.4 기상전문(우선순위 GG)은 다음과 같은 전문들로 구성되어야 한다.
  1) 터미널공항예보(TAFs), 지역 및 항로예보 등과 같은 예보에 관련된 전문
  2) METAR, SPECI 등과 같은 관측 및 보고에 관련된 전문

2.3.1.1.5 비행규칙전문(우선순위 GG)은 다음과 같은 전문들로 구성되어야 한다.
  1) 중량 배분의 산출에 필요한 항공기 하중전문
  2) 항공기 운항스케쥴 변경에 관련된 전문
  3) 항공기 지상조업 업무에 관련된 전문
  4) 정상 운항스케쥴의 변경으로 인한 승객, 승무원 및 화물 등의 집단적인 요구사항에 대한 변경에 관련된 전문
  5) 비정상적인 착륙에 관련된 전문
  6) 항공항행 업무를 위한 비행전 준비 및 영공통과 허가 요청과 같은 부정기 항공기의 운항을 위한 운영업무에 관련된 전문
  7) 항공사에서 항공기의 도착 또는 출발보고가 발신되는 전문
  8) 항공기의 운항을 위하여 긴급하게 요구되는 부품 및 자재 등에 관련된 전문

2.3.1.1.6 항공정보업무 전문(우선순위 GG)은 다음과 같은 전문들로 구성되어야 한다.
  1) NOTAM에 관련된 전문
  2) SNOWTAM에 관련된 전문

2.3.1.1.7 항공행정전문(우선순위 KK)은 다음과 같은 전문들로 구성되어야 한다.
  1) 항공기 운항의 안전성 또는 정시성을 위하여 제공되는 항공통신시설의 운영 또는 유지보수에 관련된 전문
  2) 항공통신업무의 기능에 관련된 전문
  3) 항공업무에 관련된 민간항공 기관들 사이에 교환되는 전문

2.3.1.1.8 정보를 요구하는 전문은 비행안전을 위하여 높은 우선순위가 필요할 때를 제외하고 요구되는 전문의 등급과 동일한 우선순위를 적용하여야 한다.

> **2.3.1.2 우선순위의 순서**
>
> 2.3.1.2.1 항공고정통신망에서 전문을 전송할 때 우선순위의 순서는 다음과 같다.
>
> | 전송순위 | 우선순위 |
> |---|---|
> | 1 | SS |
> | 2 | DD FF |
> | 3 | GG KK |
>
> 2.3.1.2.2 동일한 우선순위의 전문은 수신된 순서대로 전송하여야 한다.

18. 선박 항공기 또는 기타 이동체의 안전, 선상 또는 시계내에 있는 인명의 안전에 관련된 긴급 전문의 우선순위 약어는? (22년 1차)

① SS
❷ DD
③ FF
④ GG

19. 선박, 항공기 또는 기타 이동체의 안전, 선상 또는 시계내에 있는 인명의 안전에 관련된 긴급 전문의 우선순위 약어는? (20년 4차)

① SS
❷ DD
③ FF
④ GG

4. 국제항공고정무선통신망에 속하는 항공고정국에서 취급하는 제1순위 통보에 붙이는 약어는? (18년 4차)

❶ "SS"
② "DD"
③ "GG"
④ "KK"

2. 국제항공고정무선통신망에 속하는 항공고정국에서 취급하는 제1순위 통보에 붙이는 약어는?
   (17년 1차)
   ❶ "SS"
   ② "DD"
   ③ "GG"
   ④ "KK"

5. 국제항공고정 무선 통신 당에 속하는 항공고정 국이 취급하는 통보에서 통신의 우선 순위를 나타내는 약어로 옳지 않은 것은? (15년 1차)
   ① 제1순위 : "SS"
   ② 제2순위 : "DD" 또는 "FF"
   ③ 제3순위 : "GG" 또는 "KK"
   ❹ 제4순위 : "TT"

> 항공통신업무운영규정 제26조(무선통신 방송절차)
> ① 무선통신에 의한 전송은 명료하고 짧고 간결하게 제공되어야 한다.
> ② 무선통신에 의한 방송 음성속도는 분당 100단어 이내 이어야 한다.

19. 항공통신업무 운영규정에서 무선통신에 의한 방송을 할 때의 음성속도는? (21년 1차)
    ① 분당 50단어 이내
    ❷ 분당 100단어 이내
    ③ 분당 200단어 이내
    ④ 분당 300단어 이내

라. 일지 등 보존기간

> **항공통신업무 지침 제16조(일지 등의 보존기간)**
> 각종 일지 및 관련 자료의 보존기간은 다음 각 호와 같다. 다만, 조사가 요구되는 일지나 관련 자료는 그 조사가 완료될 때까지로 한다.
> 1. 업무일지(별지 제1호서식) : 1년
> 2. 장비장애 발생 보고서(별지 제2호서식) : 1년
> 3. 항공행정전문 처리기록부(별지 제3호서식) : 1년
> 4. 악기상(SIGMET) 처리기록부(별지 제4호서식) : 1년
> 5. PACMARF 송·수신 기록부(별지 제5호서식) : 1년
> 6. 위성신호모니터 운용일지(별지 제6호서식) : 1년
> 7. GPS RAIM 모니터링 일지(별지 제7호서식) : 1년
> 8. GPS 위성신호 장애접수 일지(별지 제8호서식) : 1년
> 9. GPS 신호 감시 모니터링 일지(별지 제9호서식) : 1년
> 10. GPS 신호 항공감시 경보시스템 운용일지(별제 제10호서식) : 1년
> 11. AFTN/ATN 전문 원본 : 30일 이상

19. 항공기의 서면 또는 자동의 전기통신일지의 보존기간으로 옳은 것은? (18년 1차)

❶ 최소 30일 동안
② 최소 60일 동안
③ 최소 180일 동안
④ 최소 1년 동안

V. 전파법 제5장 전파자원의 보호(제45조 – 제58조)

1. 무선설비 이용 관련 부분

가. 전자파 인체보호기준

> **전파법 제47조의2(전자파 인체보호기준 등)**
> ① 과학기술정보통신부장관은 무선설비, 전기·전자기기 등(이하 "무선설비등"이라 한다)에서 발생하는 전자파가 인체에 미치는 영향을 고려하여 다음 각 호의 사항을 정하여 고시하여야 한다.
> 1. 전자파 인체보호기준
> 2. 전자파 등급기준
> 3. 전자파 강도 측정기준
> 4. 전자파 흡수율 측정기준
> 5. 전자파 측정대상 기자재와 측정방법
> 6. 전자파 등급 표시대상과 표시방법
> 7. 그 밖에 전자파로부터 인체를 보호하기 위하여 필요한 사항

14. 다음 중 전자파가 인체에 미치는 영향을 고려하여 무선설비 등에서 발생하는 전자파에 대한 기준을 정하여 고시하는 사항과 관계없는 것은? (21년 4차)
① 전자파 인체보호기준
② 전자파 강도 측정기준
③ 전자파 흡수율 측정기준
❹ 전자파 인체내성 측정기준

12. 전자파가 인체에 미치는 영향을 고려하여 무선설비 등에서 발생하는 전자파에 대한 기준을 정하여 고시하는 사항과 관계없는 것은? (18년 1차)
① 전자파 인체보호기준
② 전자파 강도 측정기준
③ 전자파 흡수율 측정기준
❹ 전자파 인체내성 측정기준

나. 무선설비의 효율적 이용 : 임대·위탁운용·공동사용 (★)

> **전파법 제48조(무선설비의 효율적 이용)**
> ① 시설자는 무선국 무선설비(우주국 무선설비는 제외한다)를 효율적으로 이용하기 위하여 필요하면 대통령령으로 정하는 바에 따라 과학기술정보통신부장관의 승인을 받아 무선국 무선설비의 전부나 일부를 다른 사람에게 임대·위탁운용하거나 다른 사람과 공동으로 사용할 수 있다.
>
> **전파법 시행령 제68조(무선설비의 임대)**
> ① 법 제48조제1항에 따라 시설자가 무선국의 무선설비(우주국 무선설비는 제외한다)를 다른 사람에게 임대하려는 경우에는 과학기술정보통신부장관에게 무선설비 임대의 승인을 신청하여야 한다.
>
> **전파법 시행령 제69조(무선설비의 위탁운용 및 공동사용)**
> ① 법 제48조제1항에 따라 위탁운용 또는 공동사용할 수 있는 무선설비(우주국 무선설비는 제외한다)는 다음 각 호와 같다.
> 1. 무선국의 안테나설치대
> 2. 송신설비 및 수신설비
> 3. 시설자가 동일한 무선국의 무선설비
> 4. 과학기술정보통신부장관이 정하는 아마추어국의 무선설비
> 5. 그 밖에 공공의 안전을 위한 무선국으로서 과학기술정보통신부장관이 특히 필요하다고 인정하여 고시하는 무선설비
> ② 제1항에 따른 무선설비를 위탁운용하거나 공동사용하는 경우에는 다음 각 호의 조건에 적합하여야 한다.
> 1. 전파가 능률적으로 발사될 수 있는 곳에 설치할 것
> 2. 이미 시설된 무선국의 운용에 지장을 주지 아니할 것
> 3. 무선설비로부터 발사되는 전파가 인근 주택가의 방송수신에 장애를 주지 아니할 것
> 4. 그 밖에 과학기술정보통신부장관이 필요하다고 인정하여 정하는 기준에 적합할 것
> ③ 제1항에 따른 무선설비를 위탁운용하거나 공동사용하기 위하여 과학기술정보통신부장관의 승인을 받으려는 자는 합의서 또는 공동사용계약서를 갖추어 과학기술정보통신부장관에게 무선설비 위탁운용 및 공동사용의 승인을 신청하여야 한다.

2. 시설자가 무선설비의 효율적 이용을 위하여 필요한 경우 미래창조과학부장관의 승인을 얻어 할 수 있는 사항이 아닌 것은? (16년 1차)
   ❶ 무선설비의 일부 매각
   ② 무선설비의 임대
   ③ 무선설비의 위탁운용
   ④ 무선설비의 공동사용

2. 시설자가 무선국의 무선설비를 타인에게 임대하고자 할 때 미래창조 과학부장관에게 제출하여야 하는 서류는? (15년 4차)
   ❶ 무선설비 임대승인신청서
   ② 무선설비 임대차계약서
   ③ 무선설비 임대사실확인서
   ④ 무선설비 임대요청서

1. 다음중 무선설비의 효율적 이용을 위하여 과학기술정보통신부장관의 승인을 얻어 위탁운용 또는 공동사용 할 수 있는 무선설비가 아닌 것은? (18년 1차)
   ① 무선국의 안테나설치대
   ② 송신설비
   ❸ 무선국의 성능측정 설비
   ④ 수신설비

다. 무선방위측정장치 보호

전파법 제52조(무선방위측정장치의 보호)
① 무선방위측정장치보호구역(과학기술정보통신부장관이 설치한 무선방위측정장치의 설치장소로부터 1킬로미터 이내의 지역을 말한다)에 전파를 방해할 우려가 있는 건축물 또는 인공구조물로서 대통령령으로 정하는 것을 건설하고자 하는 자는 과학기술정보통신부장관의 승인을 얻어야 한다.

전파법 시행령 제71조(승인을 받아야 할 건축물 등)
① 법 제52조제1항에 따라 과학기술정보통신부장관의 승인을 얻어야 할 건축물 또는 공작물(이하 "건축물등"이라 한다)은 다음 각 호와 같다.
1. 무선방위측정장치(無線方位測定裝置)의 설치장소로부터 1킬로미터 이내의 지역에 건설하려는 다음의 것
   가. 송신안테나[송신공중선]와 수신안테나[수신공중선]. 다만, 방송수신용인 소형의 것과 이에 준하는 것은 제외한다.
   나. 가공선과 고가 케이블(전력용·통신용·전기철도용, 그 밖에 이에 준하는 것을 포함한다)
   다. 건물(목조·석조·콘크리트조, 그 밖에 구조의 것을 포함한다). 다만, 높이가 무선방위측정장치의 설치장소로부터 상향각 3도 미만의 것은 제외한다.
   라. 철조·석조 또는 목조의 탑주와 이의 지지 물건·연통·피뢰침. 다만, 높이가 무선방위측정장치의 설치장소로부터 상향각 3도 미만의 것은 제외한다.
   마. 철도 및 궤도

> 2. 무선방위측정장치의 설치장소로부터 500미터 이내의 지역에 매설하는 수도관·가스관·전력용케이블·통신용케이블, 그 밖에 이에 준하는 매설물
> ② 제1항 각 호의 어느 하나에 해당하는 건축물등을 건설하려는 자는 과학기술정보통신부장관에게 고층부분의 외형을 나타내는 입면도 및 평면도(축적·방위·높이 및 폭을 명시하여야 한다)를 갖추어 건축물등 건설의 승인을 신청하여야 한다. 승인받은 사항에 대하여 변경승인을 신청하는 경우에도 같다.
> ③ 과학기술정보통신부장관은 제2항에 따른 승인의 신청이 있는 경우 전파장해 여부를 판단하기 위하여 필요하면 그 신청인에게 일정기간을 정하여 필요한 자료의 제출을 요구할 수 있다.
> ④ 과학기술정보통신부장관은 제2항에 따른 승인 또는 변경승인의 신청을 접수한 경우에는 전파장해 여부를 검토하여 14일 이내에 신청인에게 그 승인 여부를 알려야 한다.

2. 다음 중 무선방위측정장치의 설치장소로부터 1km 이내의 지역에 미래창조과학부장관의 승인 없이도 건설할 수 있는 것은? (15년 1차)
   ① 송신공중선
   ② 철도 및 궤도
   ❸ 양각 3도 미만의 건물
   ④ 수신공중선

2. 무선설비규칙(제45조에 따른 행정규칙)

가. 「무선설비규칙」의 근거

전파법 제45조(기술기준)
무선설비(방송수신만을 목적으로 하는 것은 제외한다)는 주파수 허용편차와 안테나공급전력등 과학기술정보통신부령으로 정하는 기술기준에 적합하여야 한다.

무선설비규칙 제1조(목적)
이 규칙은 「전파법」 제37조, 제45조 및 제47조에 따라 방송표준방식, 무선설비의 기술기준, 무선설비의 안전시설기준 등 무선설비의 기술기준을 규정함을 목적으로 한다.

나. 안테나공급전력 (★)

무선설비규칙 제9조(안테나공급전력 등)
① 전파형식별 안테나공급전력의 표시와 환산비는 별표 5와 같고, 송신설비의 안테나공급전력 허용편차는 별표 6과 같다. 다만, 과학기술정보통신부장관은 무선설비의 용도에 따라 송신설비의 안테나공급전력 허용편차를 별도로 정하여 고시할 수 있다.

■ 무선설비규칙 [별표 5]

전파형식별 안테나공급전력의 표시와 환산비
(제9조제1항 본문 관련)

1. 전파형식별 안테나공급전력의 표시

구분	전파형식	전력의 표시
가	A1A, A1B, A1D, A2A, A3C(전반송파를 단속하는 것만 해당한다), A8W(전반송파를 단속하는 것만 해당한다), A9W(전반송파를 단속하는 것만 해당한다), B7W, B8C, B8E, B9B, B9W, C3F(방송국 설비만 해당한다), C9F, J2A, J2B, J3C, J3E, J8E, K1A, K2A, K3E, L1D, L2A, L3E, M2A, M3D, M3E, M7E, P0N, Q0N, R3C, R3E, R7B, V3E	첨두포락선전력(PX)

구분	전파형식	전력의 표시
나.	A3E(방송국 설비만 해당한다)	반송파전력(PZ)
다.	그 밖의 전파형식	평균전력(PY) (과학기술정보통신부장관이 별도로 정하여 고시하는 경우는 예외로 한다)

■ 무선설비규칙 [별표 6]

안테나공급전력 허용편차
(제9조제1항 본문 관련)

송신설비	허용편차 상한 퍼센트	허용편차 하한 퍼센트
1. 방송국(초단파방송 또는 텔레비전방송을 하는 방송국 및 위성방송보조국은 제외한다)의 송신설비	5	10
2. 초단파방송을 하는 방송국의 송신설비	10	20
3. 지상파 디지털 텔레비전방송국의 송신설비	5	5
4. 해안국, 항공국 또는 선박을 위한 무선표지국의 송신설비로서 25.11㎒ 이하의 주파수의 전파를 사용하는 것	10	20
5. 선박국의 송신설비로서 다음 각 목에 해당하는 것 　가. 의무선박국의 무선설비로서 405㎑부터 535㎑ 이하의 주파수의 전파를 사용하는 것 　나. 의무선박국의 무선설비로서 1,605㎑부터 3,900㎑ 이하의 주파수의 전파를 사용하는 것	10	20
6. 다음 각 목의 송신설비 　가. 비상위치지시용 무선표지설비 　나. 생존정의 송신설비 　다. 항공기용 구명무선설비 　라. 초단파대 양방향 무선전화	50	20
7. 다음 각 목의 송신설비 　가. 아마추어국의 송신설비 　나. 전기통신역무를 제공하는 무선국의 송신설비	20	-

송신설비	허용편차	
	상한 퍼센트	하한 퍼센트
다. 위성방송보조국의 송신설비 라. 신고하지 않고 개설할 수 있는 무선국의 송신설비 마. 주파수공용통신(TRS) 무선국의 송신설비 바. 영 제90조제2항제1호다목에 따른 통합공공망 전용주파수를 사용하는 무선국의 송신설비		
8. 그 밖의 송신설비	20	50

14. 다음 중 송신설비의 안테나공급전력 표시방법이 아닌 것은? (22년 1차)

① 평균전력(PY)

② 첨두포락선전력(PX)

③ 반송파전력(PZ)

❹ 필요전력(PN)

11. 항공기용 구명무선설비의 안테나공급전력의 허용편차로 맞는 것은? (17년 1차)

❶ 상한 50[%] 하한 20[%]

② 상한 50[%] 하한 50[%]

③ 사항 10[%] 하한 20[%]

④ 사항 20[%] 하한 50[%]

3. 항공기용 구명무선설비의 공중선전력의 허용편차로 맞는 것은? (15년 4차)

❶ 상한 50[%] 하한 20[%]

② 상한 50[%] 하한 50[%]

③ 상한 10[%] 하한 20[%]

④ 상한 20[%] 하한 20[%]

다. 안테나계 조건

> **무선설비규칙 제11조(안테나계)**
> 안테나계는 다음 각 호의 요건을 모두 갖추어야 한다.
> 1. 안테나는 무선설비를 작동할 수 있는 최소 안테나이득을 가질 것
> 2. 정합(整合)은 신호의 반사손실이 최소화되도록 할 것
> 3. 지향성은 복사전력이 목표하는 방향을 벗어나지 아니하도록 안정적일 것

9. 다음 중 무선설비의 안테나계가 충족하여야 할 조건으로 틀린 것은? (21년 4차)
   ① 정합은 신호의 반사손실이 최소화되도록 할 것
   ② 무선설비를 작동할 수 있는 최소 안테나이득을 가질 것
   ③ 지향성은 복사전력이 목표하는 방향을 벗어나지 아니하도록 안정적일 것
   ❹ 안테나에서 반사파가 클 것

라. 수신설비 조건 (★)

> **무선설비규칙 제12조(수신설비)**
> ① 수신설비로부터 부차적으로 발사되는 전파의 세기는 수신안테나와 전기적 상수(常數)가 같은 시험용 안테나회로를 사용하여 측정한 경우에 −54데시벨밀리와트(dBmW) 이하이어야 한다. 다만, 과학기술정보통신부장관은 무선설비의 용도에 따라 전파의 세기를 별도로 정하여 고시할 수 있다.
> ② 수신설비는 다음 각 호의 요건을 모두 갖추어야 한다.
> 1. 수신주파수는 운용범위 이내일 것
> 2. 선택도가 클 것
> 3. 내부잡음이 적을 것
> 4. 감도는 낮은 신호입력에서도 양호할 것

8. 다음 중 수신설비가 충족하여야 할 조건으로 틀린 것은? (21년 1차)
   ❶ 선택도가 적을 것
   ② 감도는 낮은 신호입력에서도 양호할 것
   ③ 내부잡음이 적을 것
   ④ 수신주파수는 운용범위 이내일 것

9. 다음 중 수신설비가 충족하여야 할 조건으로 옳지 않은 것은? (19년 4차)
   ❶ 선택도가 적을 것
   ② 감도는 낮은 신호입력에서도 양호할 것
   ③ 내부잡음이 적을 것
   ④ 수신주파수는 운용범위 이내일 것

16. 다음 중 수신설비가 충족하여야 할 조건으로 옳지 않은 것은? (18년 1차)
   ❶ 선택도가 적을 것
   ② 감도는 낮은 신호입력에서도 양호할 것
   ③ 내부잡음이 적을 것
   ④ 수신주파수는 운용범위 이내일 것

마. 의무항공기국 예비전원 성능 (★)

무선설비규칙 제16조(예비전원 및 예비품 등)
① 의무선박국과 의무항공기국은 주 전원설비의 고장 시 대체할 수 있는 예비전원 시설을 갖추어야 한다.
② 의무선박국은 송신장치의 모든 전력으로 시험할 수 있는 시험용안테나를 갖추어야 한다.
③ 의무선박국은 해당 무선설비와 무선설비를 제어하는 장치를 충분히 밝게 비출 수 있는 비상등을 설치하여야 한다. 이 경우 비상등의 전원은 해당 무선설비를 통상 밝게 비추는 데 사용되는 전원으로부터 독립되어 있어야 한다.
④ 의무항공기국의 예비전원은 해당 항공기의 항행안전을 위하여 필요한 무선설비를 30분 이상 작동할 수 있는 성능을 갖추어야 한다.

12. 의무항공기국의 예비전원은 항공기의 항행안전을 위하여 필요한 무선설비를 얼마 이상 작동할 수 있는 성능을 가져야 하는가? (21년 4차)
   ① 1시간 이상
   ❷ 30분 이상
   ③ 10분 이상
   ④ 2시간 이상

9. 의무항공기국의 예비전원은 항공기의 항행안전을 위하여 필요한 무선설비를 얼마 이상 동작시킬수 있는 성능을 가져야 하는가? (18년 4차)
   ① 1시간 이상
   ❷ 30분 이상
   ③ 10분 이상
   ④ 2시간 이상

9. 의무항공기국의 예비전원은 항공기의 항행안전을 위하여 필요한 무선설비를 몇 분 이상 동작시킬 수 있는 성능을 가져야 하는가? (17년 1차)
   ① 10분
   ② 20분
   ❸ 30분
   ④ 40분

3. 항공업무용 무선설비의 기술기준(제45조에 따른 행정규칙)

가. 「항공업무용 무선설비의 기술기준」의 근거

전파법 제45조(기술기준)
무선설비(방송수신만을 목적으로 하는 것은 제외한다)는 주파수 허용편차와 안테나공급전력등 과학기술정보통신부령으로 정하는 기술기준에 적합하여야 한다.

항공업무용 무선설비의 기술기준 제1조(목적)
이 고시는 「전파법」제45조 같은 법 시행령(이하 '영'이라 한다) 제123조제1항제1의7호에 따라 항공업무용 무선설비의 기술기준을 규정함을 목적으로 한다.

나. 「항공업무용 무선설비의 기술기준」 용어 정의 (★★)

항공업무용 무선설비의 기술기준 제3조(정의)
① 이 고시에서 사용하는 용어의 정의는 다음과 같다.
1. "로칼라이저"라 함은 항공기가 활주로에 착륙시 활주로에 중심선정보를 항공기에 제공하는 무선설비를 말한다.
2. "글라이드패스"라 함은 항공기가 활주로에 착륙시 활주로 진입각도 정보를 항공기에 제공하는 무선설비를 말한다.
3. "마아커비콘"이라 함은 항공기가 활주로에 착륙을 하고자 할 때 활주로로부터 떨어진 거리정보를 항공기에 제공하는 무선설비를 말한다.
4. "고정동조주파수전환방식"이라 함은 미리 소요주파수에 동조되어 있고 사용하고자 하는 주파수를 간단한 전환조작으로 선택할 수 있는 방식을 말한다.
5. "계기착륙시설(ILS)"이라 함은 항공기에 대하여 그 착륙강하 직전 또는 착륙강하 중에 수평과 수직의 유도를 주고, 정점에서 착륙 기준점까지의 거리를 표시 하는 무선항행방식을 말한다.
6. "전방향표지시설(VOR)"이라 함은 108 ㎒ 내지 118 ㎒의 주파수의 전파를 전방향에 발사하는 회전식 무선표지업무를 행하는 설비를 말한다.
7. "Z마아카"라 함은 항공기의 위치에 대한 정보를 주기 위하여 역원추형의 지향성 전파를 수직으로 상공에 발사하는 무선표지업무를 행하는 설비를 말한다.
8. "전파고도계"라 함은 지상으로부터의 항공기의 고도를 결정하기 위하여 지상에서 전파의 반사를 이용하는 항공기상의 무선항행장치를 말한다.
9. "모드(Mode) 2"라 함은 D8PSK 변조 및 반송파 감지 다중 접근 제어방식을 이용하는 데이터 전용 초단파 대데이터링크(이하 "VDL"이라 한다) 모드를 말한다.

10. "모드(Mode) 3"이라 함은 D8PSK 변조 및 시분할다중접속 미디어 접근 제어방식을 이용하는 음성 및 데이터 VDL 모드를 말한다.
11. "모드(Mode) 4"라 함은 GFSK 변조 및 자체편성시분할다중접속(STDMA) 방식을 이용하는 데이터 전용 VDL 모드를 말한다.
12. "위성항행시스템(이하 "GNSS"라 한다)"이라 함은 항행에 필요한 성능을 지원하기 위하여 보정된 하나 이상의 위성배치 · 항공기용수신기 · 시스템 무결성 감시기능을 포함하는 전 세계적 위치 및 시간 결정 시스템을 말한다.
13. "GPS"라 함은 미국이 운영하는 위성항행시스템을 말한다.
14. "표준위치결정서비스(이하 "SPS"라 한다)"라 함은 GPS 사용자가 지속적이고 전 세계적으로 이용 가능하도록 위치 · 속도 · 시간의 정확도에 관해 규정된 레벨을 제공하는 서비스를 말한다.
15. "GLONASS"라 함은 러시아가 운영하는 위성항행시스템을 말한다.
16. "표준정확도채널(이하 "CSA"라 한다)"이라 함은 GLONASS 사용자가 지속적이고 전 세계적으로 이용 가능하도록 위치 · 속도 · 시간의 정확도에 관해 규정된 레벨을 제공하는 채널을 말한다.
17. "항공기기반보정시스템(이하 "ABAS"라 한다)"이라 함은 항공기로부터 확보되는 정보와 GNSS로 부터 얻어지는 정보를 통합하고 보정하는 보정시스템을 말한다.
18. "위성기반보정시스템(이하 "SBAS"라 한다)"이라 함은 이용자가 위성에 설치된 송신기로부터 보정 정보를 수신하는 넓은 범위의 보정 시스템을 말한다.
19. "지상기반보정시스템(이하 "GBAS"라 한다)"이라 함은 이용자가 지상에 설치된 송신기로부터 직접 보정 정보를 수신하는 보정시스템을 말한다.
20. "무결성(Integrity)"이라 함은 전체 시스템이 제공되는 정보의 정확성에 해당하는 신뢰성의 정도를 말한다. 무결성은 사용자에게 적시에 명확한 경고를 제공하기 위한 시스템의 능력을 포함한다.
21. "의사거리"라 함은 위성이 발사하는 시간과 GNSS수신기가 수신한 시간차이를 진공상태에서의 광속도를 곱하여 GNSS수신기와 위성의 기준시간차이로 발생되는 시간 편이를 포함한 것을 말한다.
22. "위성항행시스템위치오차"라 함은 실제의 위치와 GNSS수신기에 의해 결정되는 위치의 차이를 말한다.
23. "경보시간(Time-to-alert)"이라 함은 장비가 경보를 발생할 때까지 허용되는 최대 경과시간을 말한다.
24. "공항정보자동제공시설(이하 "ATIS"라 한다)"이라 함은 도착 또는 출발하는 항공기에 대하여 일상적인 공항정보를 24 시간 또는 정해진 시간단위로 자동으로 제공하는 설비를 말한다.
25. "자동종속감시용방송시설(이하 "ADS-B"라 한다)"이라 함은 항공기, 차량 및 기타 물체에 대한 식별정보, 위치정보 및 감시정보 등을 데이터링크를 이용하여 자동으로 송수신하는 설비를 말한다.
26. "무인항공기"라 함은 사람이 탑승하지 않고 원격 · 자동으로 비행할 수 있는 항공기를 말한다.
27. "시분할복신방식"이라 함은 TDD(Time Division Duplex) 방식으로 송신과 수신을 동일한 주파수에서 시간 분할 방식으로 구분하여 송신 및 수신하는 방식을 말한다.

14. 항공기가 활주로에 착륙 시 활주로의 중심선 정보를 항공기에 제공하는 무선설비는? (21년 1차)
   ❶ 로칼라이저
   ② 글라이드패스
   ③ 마아커비콘
   ④ 계기착륙시설

17. 전파를 전방향으로 발사하는 회전식 무선표지업무를 행하는 무선설비는? (19년 4차)
   ① DME(Distance Measurement Equipment)
   ❷ VOR(VHF Omnidirectional radio range)
   ③ 마아커비콘(Marker Becon)
   ④ 글라이드패스(Glide Path)

11. 전파를 전방향으로 발사하는 회전식 무선표지업무를 행하는 무선설비는? (18년 4차)
   ① DME(Distance Measurement Equipment)
   ❷ VOR(VHF Omnidirectional Radio Range)
   ③ 마아커비콘(Marker Beacon)
   ④ 글라이드패스(Glide Path)

17. 항공기에 대하여 그 착륙강하 직전 또는 착륙강하 중에 수평과 수직의 유도를 주고, 정점에서 착륙기준점까지의 거리를 표시하는 무선항행방식을 무엇이라 하는가? (18년 1차)
   ① 전방향표지시설(VOR)
   ❷ 계기착륙시설(ILS)
   ③ 로칼라이저
   ④ 마아커비콘

3. 항공기가 활주로에 착륙하고자 할 때 활주로부터 떨어진 거리정보를 항공기에 제공하는 무선설비는? (15년 1차)
   ① 로칼라이저
   ② 글라이드패스
   ❸ 마아커비콘
   ④ 전방향표지시설(VOR)

다. 항공기국 무선설비 일반조건

> **항공업무용 무선설비의 기술기준 제4조(항공기국 무선설비의 일반조건)**
> 항공기국의 무선설비는 다음 각 호의 조건에 적합해야 한다.
> 1. 작고 가벼우며 취급이 용이할 것
> 2. 항공기의 통상적인 운항상태에서 온도, 고도 등의 환경변화에 의해 기능이 저하되지 않고 정상적으로 동작할 것
> 3. 수신설비는 항공기의 전기적 잡음에 의한 방해가 발생하여도 정상 동작할 것
> 4. 안테나계는 풍압과 빙결에 견딜 것
> 5. 화재 발생 위험이 적을 것
> 6. 전원설비는 항행안전을 위해 필요한 무선설비를 30분 이상 연속 동작시킬 수 있는 성능을 가진 축전지를 비치해야 하고 축전지는 항행 중 충전이 가능할 것
> 7. 전원개폐기, 주파수전환기, 음향조정기 등의 제어기는 착석하여 조작할 수 있도록 명칭 또는 기능을 표시해야 하고 식별을 위한 조명장치를 갖출 것

8. 다음 중 항공기국 무선설비의 일반조건을 설명한 내용으로 틀린 것은? (21년 4차)
① 작고 가벼우며, 취급이 용이할 것
❷ 무선설비의 안전한 동작을 위하여 온도 및 고도에 민감하게 반응할 것
③ 수신설비는 항공기의 전기적 잡음에 의한 방해가 발생하여도 정상동작할 것
④ 안테나계는 풍압과 빙결에 견딜 것

12. 다음 중 항공기국 무선설비의 일반조건에 해당하지 않는 것은? (20년 4차)
① 작고 가벼운 것으로서 취급이 용이할 것
❷ 수신장치는 가능한 한 이동 동조주파수 전환방식으로 할 것
③ 항공기의 통상적인 운항상태에서 온도, 고도 등의 환경변화에 의해 기능이 저하되지 않고 정상적으로 동작할 것
④ 수신설비는 가능한 한 항공기의 전기적 잡음에 의한 방해를 받지 않을 것

라. 항공업무용 무선설비 주파수 전환

> 구 항공업무용 무선설비의 기술기준(2020. 9. 22. 국립전파연구원고시 제2020-5호로 일부개정되기 전의 것) 제6조(전환장치 등)
> ① 항공교통관제에 관한 통신을 하는 항공국과 항공기국용 무선설비의 주파수 전환은 28 ㎒[현재 22㎒로 개정] 이하 주파수대에서는 30 초 이내에, 118 ㎒ 부터 136.975 ㎒ 까지의 주파수대에서는 8 초 이내에 이루어져야 한다.
> ② 항공국과 항공기국의 수신장치는 가능한 한 고정동조 주파수전환방식이어야 한다.
> ③ 항공교통관제 이외의 통신을 하는 항공국과 항공기국용 무선설비의 주파수 전환은 가능한 한 제1항에 적합하여야 한다.

10. 항공교통관제에 관한 통신을 하는 항공국과 항공기국용 무선설비의 주파수 전환은 28[MHz] 이하의 주파수대에서 최대 몇 초 이내로 할 수 있어야 하는가? (17년 1차)
   ❶ 30초
   ② 20초
   ③ 8초
   ④ 5초

마. 항공업무용 단파(HF)

> 항공업무용 무선설비의 기술기준 제8조(단파대 무선전화 및 데이터링크 장치)
> ① J3E 전파 2,850 ㎑ 부터 22 ㎒ 까지의 주파수를 사용하는 항공기국 및 항공국 무선설비의 기술기준은 다음 각 호와 같다.

8. 항공업무용 단파이동통신시설(HF Radio)의 HF 반송파의 주파수대는? (17년 1차)
   ① 2.2[MHz] ~ 18[MHz]
   ② 2.2[MHz] ~ 22[MHz]
   ③ 2.8[MHz] ~ 18[MHz]
   ❹ 2.8[MHz] ~ 22[MHz]

바. A3E전파 118MHz-136.975MHz 주파수대 사용 무선설비 (★)

구 항공업무용 무선설비의 기술기준(2020. 9. 22. 국립전파연구원고시 제2020-5호로 일부개정되기 전의 것) 제9조(초단파대 무선전화 및 데이터링크 장치)
① 항공기국의 무선설비로서 A3E전파 118 MHz 부터 136.975 MHz 까지의 주파수대의 전파를 사용하는 무선설비의 기술기준은 다음 각 호와 같다.

1. 송신장치의 조건

구 분	조 건
변조방식	진폭변조방식
신호대잡음비	1,000 Hz의 주파수로서 85 %를 변조시킨 경우에 35 dB 이상
종합주파수특성	변조주파수 350 Hz ~ 2,500 Hz에서 6 dB 이하
종합왜율과 잡음	1,000 Hz의 주파수로서 적어도 85%의 변조가 생기는 입력레벨과 같은 레벨로서 400 Hz, 1,000 Hz 또는 2,500 Hz의 각 주파수에 따라 변조한 경우에 송신장치의 전 복조 출력과 그중에 포함되는 불요성분의 비가 12 dB 이상
주파수안정도	채널간격이 25 kHz 일 때 할당주파수의 ±0.003 % 이하이고, 채널간격이 8.33 kHz 일 때 할당주파수의 ±0.0005 % 이하일 것
전계강도	항공기가 운항되는 지역에서 운항조건에 적합한 범위와 고도에서 측정할 경우, 자유공간 전파를 기준으로 최소 20 μV/m(-120 dBW/m²) 일 것
인접채널누설전력	8.33 kHz 채널간격의 첫번째 인접채널 중심에서 7 kHz 대역폭으로 측정할 경우 -45 dBc 이하일 것

2. 수신장치의 조건

구 분		조 건
감도		전계강도 75 ㎶/m(-109 dB㎶/㎡), 50 % 진폭변조된 무선신호에 대해서 음성 출력 신호의 신호대 잡음비가 15 dB 이상일 것
하나의 신호선택도	통과 대역폭	1,000 Hz의 주파수로서 30 % 변조시킨 전압을 수신기 입력에 가한 경우에 6 dB 저하의 폭이 지정주파수의 ±0.005 % (옵세트 캐리어를 수신하는 경우에는 할당 주파수에서 ±8 kHz) 이상일 것
	감쇠량	1,000 Hz의 주파수로서 30 % 변조시킨 전압을 수신기입력에 가한 경우에 40 dB 저하의 폭은 ±17 kHz 이내이고, 50 dB 저하의 폭은 ±25 kHz 이내일 것
	스퓨리어스 응답	60 dB 이상일 것
실효선택도	혼변조 특성	20 ㎶ 이상 500 ㎶ 이하의 희망파입력전압을 가한 상태하에서 희망파에서 50 kHz 이상 떨어지고 또한 1,000 Hz의 주파수로서 30 % 변조시킨 10 mV의 방해파(주파수는 100 ㎒ 이상 156 ㎒ 이하로 한다)를 가한 경우 혼변조에 의한 수신기 출력이 정격출력에 비하여 -10 dB 이하일 것
	감도억압	1,000 Hz의 주파수로서 30 % 변조시킨 20 ㎶의 희망파 입력전압을 가한 상태에서 다음의 방해파를 가한 경우에 수신기 출력의 신호대 잡음비가 6 dB 이상일 것 1. 스퓨리어스 응답 주파수 및 100 ㎒ 이상 156 ㎒ 이하의 주파수(희망파에서 25 kHz 이내의 것을 제외한다)에서 수신기 입력전압이 10 mV의 것 2. 25 kHz 이상 1,215 ㎒ 이하의 주파수(스퓨리어스 응답 주파수 및 100 ㎒ 이상 156 ㎒ 이하의 것을 제외한다)에서 수신기 입력전압이 100 mV의 것
종합주파수 특성		1. 변조주파수 350 Hz부터 2,500 Hz에서 6 dB 이내일 것 2. 옵세트 캐리어를 수신하는 경우에는 변조주파수가 2,500 Hz 초과하는 경우에 변조주파수 마다 감쇠할 것(변조주파수 5,000 Hz에서는 1,000 Hz 때의 출력에 비하여 -18 dB 이하로 감쇠할 것)
주파수 안정도		채널간격이 8.33 kHz 일때 할당주파수의 ±0.0005 % 이하일 것 채널간격이 25 kHz, 50 kHz, 100 kHz 일때 할당주파수의 ±0.005 % 이하일 것
자동음량 조절장치		1. 1,000 Hz의 주파수로서 30 % 변조시킨 수신기 입력전압을 10 μV부터

3. 송신안테나의 조건

구 분	조 건
수평면에서 지향특성	만족한 무지향성
편파면	수직

4. 의무항공기국의 무선설비로서 A3E전파 118 ㎒ 부터 136.975 ㎒ 까지의 주파수대의 전파를 사용하는 송신설비의 안테나공급전력은 2 W 이상이고, 그 유효통달거리는 다음 표와 같을 것

비 행 고 도	유 효 통 달 거 리
300 m	70 km 이상
500 m	90 km 이상
700 m	105 km 이상
1000 m	125 km 이상
1500 m	150 km 이상
3000 m	210 km 이상
5000 m	275 km 이상
7000 m	315 km 이상

15. 항공기국의 A3E전파 118[MHz]부터 136.975[MHz]까지의 주파수대를 사용하는 무선설비의 변조방식은? (22년 1차)
   ❶ 진폭변조
   ② 주파수변조
   ③ 위상변조
   ④ 혼합변조

17. 의무항공기국의 A3E 전파 118[MHz] 내지 136.975[MHz]의 주파수대 전파를 사용하는 송신설비의 안테나공급전력은 몇 [W] 이상이어야 하는가? (17년 1차)
   ❶ 2[W]
   ② 5[W]
   ③ 10[W]
   ④ 50[W]

4. 항공기국의 A3E전파 118MHz부터 136.975MHz까지의 주파수대를 사용하는 무선설비의 변조방식은? (15년 1차)
   ❶ 진폭변조
   ② 주파수변조
   ③ 위상변조
   ④ 혼합변조

Ⅵ. 전파법 제6장 전파의 진흥(제59조 - 제69조)

1. 전파사용료 면제대상

전파법 제67조(전파사용료)
① 과학기술정보통신부장관 또는 방송통신위원회는 시설자(수신전용의 무선국을 개설한 자는 제외한다)에게 해당 무선국이 사용하는 전파에 대한 사용료(이하 "전파사용료"라 한다)를 부과·징수할 수 있다. 다만, 제1호부터 제3호까지의 무선국 시설자에게는 전부를 면제하고, 제4호부터 제7호까지의 무선국 시설자에게는 대통령령으로 정하는 바에 따라 전부나 일부를 감면할 수 있다.
1. 국가나 지방자치단체가 개설한 무선국
2. 방송국 중 영리를 목적으로 하지 아니하는 방송국과 「방송통신발전 기본법」 제25조제2항에 따라 분담금을 내는 지상파방송사업자의 방송국
3. 제19조제2항에 따른 무선국
4. 「방송통신발전 기본법」 제25조제3항에 따라 분담금을 내는 위성방송사업자 및 종합유선방송사업자의 방송국
5. 제11조에 따라 할당받은 주파수를 이용하여 전기통신역무를 제공하는 무선국
6. 영리를 목적으로 하지 아니하거나 공공복리를 증진시키기 위하여 개설한 무선국 중 대통령령으로 정하는 무선국
7. 「재난 및 안전관리 기본법」 제60조제1항에 따라 특별재난지역으로 선포된 지역에 개설된 무선국 중 과학기술정보통신부장관이 고시로 정하는 기준에 부합되는 무선국
② 전파사용료는 전파 관리에 필요한 경비의 충당과 전파 관련 분야 진흥을 위하여 사용한다.

전파법 시행령 제89조(전파사용료의 감면)
① 법 제67조제1항제6호에서 "대통령령으로 정하는 무선국"이란 다음 각 호의 무선국을 말한다.
1. 비상국, 실험국, 아마추어국, 표준주파수 및 시보국
2. 「대한적십자사 조직법」에 따른 대한적십자사가 시설자인 무선국 및 「응급의료에 관한 법률」 제25조제1항제6호에 따른 응급의료 통신망의 관리·운영을 위하여 개설한 무선국
3. 제90조제2항제1호 또는 제2호에 해당하는 무선국으로서 부과할 전파사용료가 3천원 미만인 무선국과 별표 7에 해당하는 무선국
4. 터널, 도시철도(지하에 설치된 부분만 해당한다), 건축물의 지하층 등에 개설한 다음 각 목의 무선국
   가. 기간통신사업자가 제공하는 전기통신역무를 이용할 수 있도록 개설한 무선국
   나. 위성이동멀티미디어방송사업자가 개설한 위성방송보조국
5. 홍수의 예보·경보 등 재해예방을 위한 무선국

> 6. 기간통신사업자가 개설한 무선국으로서 국가의 공공업무 수행을 위하여 제공되는 무선국
> 7. 농어촌 지역에 위성을 이용한 인터넷서비스를 제공하기 위하여 기간통신사업자가 개설한 지구국
> 8. 교육이나 연구 목적의 비영리법인 중 과학기술정보통신부장관이 정하여 고시하는 자가 건물 등 일정한 구역 내에서만 28.9기가헤르츠(㎓) 이상 29.5기가헤르츠(㎓) 이하의 주파수를 이용하기 위하여 개설한 무선국

3. 다음 중 전파사용료 면제대상 무선국이 아닌 것은? (16년 1차)
   ① 아마추어국
   ❷ 실용화 시험국
   ③ 비상국
   ④ 시보국

나. 전파사용료 부과기준

> **전파법 제68조(전파사용료의 부과기준 등)**
> ① 제67조제1항에 따른 전파사용료는 무선국별로 대통령령으로 정하는 바에 따라 해당 무선국이 사용하는 주파수 대역, 전파의 폭 및 안테나공급전력 등을 기준으로 하여 산정한다.
>
> **전파법 시행령 제91조(전파사용료의 징수기간 등)**
> ① 전파사용료는 분기별로 부과·징수하며, 분기별 징수기간은 별표 11의2와 같다.
> ② 제1항에도 불구하고 분기 중에 무선국의 개설허가를 받은 자에 대하여는 제1항에 따른 징수기간에 전파사용료를 징수하고, 분기 중에 무선국을 폐지한 자에 대하여는 무선국을 폐지한 때에 전파사용료를 징수한다.
> ③ 제1항에도 불구하고 제90조제1항에 따라 전파사용료를 산정하는 무선국을 제외한 무선국의 시설자는 1년간 내야 할 전파사용료 전액을 미리 낼 수 있다. 이 경우 전파사용료 전액을 미리 내려는 자는 과학기술정보통신부장관 또는 방송통신위원회에 전파사용료 일시납부신청을 하여야 한다.
> ④ 제3항에 따라 전파사용료 전액을 미리 내려는 경우 1년간 내야 할 전파사용료의 100분의 10에 해당하는 금액을 감면할 수 있다. 이 경우 1년간은 전파사용료 일시납부신청을 한 날이 속하는 분기의 다음 분기부터 1년간으로 한다.

4. 다음 중 전파사용료의 부과 기준기간은? (16년 1차)
   ❶ 분기별
   ② 반기별
   ③ 매월
   ④ 연도별

Ⅶ 전파법 제7장 무선종사자(제70조 - 제71의2조)

1. 무선종사자 국가기술자격 검정과목 시험면제 (★)

> **전파법 제70조(무선종사자의 자격)**
> ① 무선종사자가 되려는 사람은 국가기술자격에 관한 법령 또는 대통령령으로 정하는 바에 따라 시행하는 기술자격검정에 합격하여야 한다.
>
> **전파법 시행령 제105조(기술자격검정의 방법)**
> ① 기술자격검정의 과목 중 항공무선통신사의 무선통신술과목은 실기시험으로 하고, 그 외의 과목은 필기시험으로 한다.
> ② 제1항에 따른 필기시험의 출제방법은 검정과목별로 4지선다형 20문제로 한다. 다만, 검정과목 중 통신보안과목, 해상무선통신사의 영어과목 및 제3급 아마추어무선기사(전신급)의 무선통신술과목에 대한 출제방법은 4지선다형 10문제로 한다.
> ③ 제1항에 따른 무선통신술과목의 실기시험은 필기시험에 합격하지 아니하면 이에 응시할 수 없다.
> ④ 항공무선통신사·해상무선통신사·육상무선통신사·제한무선통신사·제3급 아마추어무선기사(전화급) 및 제4급 아마추어무선기사의 기술자격검정은 과학기술정보통신부장관이 정하여 고시하는 교육을 이수한 자에 대하여 해당 검정과목의 시험을 면제할 수 있다.

8. 다음 중 과학기술정보통신부장관이 정하여 고시하는 교육을 이수한 자에 대하여 해당 검정과목의 시험을 면제할 수 있는 자격종목이 아닌 것은? (20년 4차)
   ① 항공무선통신사
   ② 해상무선통신사
   ③ 육상무선통신사
   ❹ 제3급 아마추어무선기사(전신급)

1. '항공무선통신사' 자격증을 가진 사람이 운용할 수 있는 종사범위에 해당하는(포함되는) 자격종목은? (19년 4차)
   ① 전파전자통신기능사
   ② 무선설비기능사
   ❸ 제3급 아마추어 무선기사(전화급)
   ④ 제2급 아마추어 무선기사

3. 다음 중 과학기술정보통신부장관이 정하여 고시하는 교육을 이수한 자에 대하여 해당 검정과목의 시험을 면제할 수 있는 자격종목이 아닌 것은? (18년 4차)
   ① 항공무선통신사
   ② 해상무선통신사
   ③ 육상무선통신사
   ❹ 제3급 아마추어무선기사(전신급)

2. 항공무선통신사 종사범위

전파법 제70조(무선종사자의 자격)
③ 무선종사자의 자격종목 및 자격종목별 종사범위는 대통령령으로 정한다.

전파법 시행령 제115조(자격종목 및 종사범위)
법 제70조제3항에 따른 무선종사자의 자격종목 및 자격종목별 종사범위는 별표 17과 같다.

■ 전파법 시행령 [별표 17]

무선종사자의 자격종목 및 자격종목별 종사범위
(제115조 관련)

자격종목	종사범위
4. 항공무선통신사	가. 다음에서 정한 무선설비의 통신운용(무선전신은 제외한다) 1) 항공기국, 항공국 및 항공기를 위한 무선항행업무를 하는 무선국의 무선설비 2) 그 밖에 항공운항 및 항공업무 관련 무선국의 안테나공급전력이 50와트 이하의 무선설비 나. 다음에서 정한 무선설비(무선전신 및 다중무선설비는 제외한다)의 외부조정의 기술운용 1) 항공기에 개설하는 무선설비 2) 항공국과 항공기를 위한 무선항행업무를 하는 무선국의 안테나공급전력이 250와트 이하의 무선설비 3) 레이다 4) 그 밖에 항공운항 및 항공업무 관련 무선국의 안테나공급전력이 50와트 이하의 무선설비 다. 제3급 아마추어무선기사(전화급)의 종사범위에 속하는 운용

2. 다음 중 항공무선통신사의 종사범위가 아닌 것은? (19년 4차)
① 항공기를 위한 무선항행국의 무선설비의 통신운용(무선전신 제외)
② 레이다의 외부조정의 기술운용
❸ 무선항행국 설비 중 안테나 공급전력 500(W)이상의 기술 운용
④ 항공기에 개설하는 무선설비의 외부조정의 기술운용(무선전신 및 다중 무선설비 제외)

3. 무선종사자 아닌 자의 예외적 운용범위

> **전파법 제70조(무선종사자의 자격)**
> ④ 무선국의 무선설비는 무선종사자가 아니면 이를 운용하거나 그 공사를 하여서는 아니 된다. 다만, 선박이나 항공기가 항행 중이어서 무선종사자를 보충할 수 없거나 그 밖에 대통령령으로 정하는 경우에는 그러하지 아니하다.
>
> **전파법 시행령 제116조(무선종사자가 아닌 자의 운용 또는 공사범위)**
> ① 법 제70조제4항 단서에 따라 무선종사자가 아닌 자가 운용 또는 공사를 할 수 있는 경우는 다음 각 호와 같다.
> 1. 선박 또는 항공기가 외국에 있거나 외국의 각 지역을 항행 중이어서 무선종사자의 승무가 불가능한 경우로서 그 선박 또는 항공기가 국내의 목적지에 도착할 때까지 다음 표 왼쪽 란의 증명서(「국제전기통신연합 전파규칙」에 따라 외국정부에서 발급한 증명서를 말한다)를 가진 자가 같은 표 오른쪽 란의 해당 무선종사자의 종사범위에서 운용 또는 공사를 하는 경우
>
> | | |
> |---|---|
> | 제1급 무선전신통신사증명서 또는 무선통신사일반증명서를 가진 자 | 전파전자통신기사 |
> | 제2급 무선전신통신사증명서를 가진 자 | 전파전자통신산업기사 |
> | 무선전신통신사특별증명서를 가진 자 | 전파전자통신기능사 |
> | 무선전화통신사일반증명서 또는 제한증명서를 가진 자 | 항공무선통신사 |
> | 제1급 전파전자통신사증명서를 가진 자 | 전파전자통신기사 |
> | 제2급 전파전자통신사증명서를 가진 자 | 전파전자통신산업기사 |
> | 일반통신사증명서를 가진 자 | 전파전자통신기능사 |
> | 제한통신사증명서를 가진 자 | 해상무선통신사 |
>
> 2. 비상통신업무를 할 때 무선종사자를 무선설비의 운용에 종사시킬 수 없는 경우
> 3. 선박국이나 항공기국의 무선전화 또는 자동통신시설 등의 통신운용으로서 다음 각 목에서 정한 것 외의 것을 해당 무선국의 무선종사자의 관리 하에 하는 경우

가. 연락설정과 종료에 관한 통신운용

나. 조난통신 · 긴급통신 및 안전통신을 위한 통신운용

4. 외국에서 아마추어무선기사 자격을 취득하고 과학기술정보통신부장관이 지정하는 단체의 추천을 받은 사람이 국내에 잠시 머무르는 동안 해당 자격의 아마추어국을 운용하는 경우

5. 제1호부터 제4호까지의 규정 외에 과학기술정보통신부장관이 정하여 고시하는 경우

② 제1항제1호에 따라 무선종사자가 아닌 자가 무선설비를 운용할 수 있는 경우는 조난통신 · 긴급통신 · 안전통신 및 선박운항에 관계되는 긴급한 통신을 하는 것으로 한정한다.

9. 다음 중 "선박 또는 항공기가 외국의 각 지역을 항행 중이어서 무선종사자의 승무가 불가능한 경우로서 무선종사자가 아닌 자가 무선설비를 운용할 수 있는 범위"로 옳은 것은? (20년 4차)

① 운항통신
② 출입권 통지
❸ 안전통신
④ 기기의 조정

4. 기술자격검정 부정행위자에 대한 조치

전파법 제70조의2(부정행위자에 대한 조치)
과학기술정보통신부장관은 제70조제1항에 따른 무선종사자 기술자격검정에서 부정행위를 한 응시자에 대하여는 그 검정을 정지시키거나 무효로 하고, 해당 검정 시행일부터 3년간 응시자격을 정지한다.

6. 기술자격검정에 관하여 부정행위가 있을 경우 과학기술정보통신부장관이 얼마 이내의 기간을 정하여 자격검정을 받지 못하는 하는가? (18년 4차)

① 6개월 이상 1년 이내
② 3개월 이상 1년 이내
③ 6개월 이상 2년 이내
❹ 해당 검정 시행일부터 3년간

15. 기술자격검정에 관하여 부정행위가 있을 때에 부정행위자에 대하여 취할 수 있는 제재 조치가 아닌 것은?
    (15년 4차)
    ① 당해 행위자에 대하여 그 검정을 정지함
    ② 당해 행위자에 대하여 합격을 무효로 함
    ❸ 당해 행위자에 대하여 벌금을 부과함
    ④ 기간을 정하여 기술자격검정을 받지 못하게 함

5. 무선종사자의 배치 (★★)

전파법 제71조(무선종사자의 배치)
시설자는 대통령령으로 정하는 자격 및 정원배치기준에 따라 무선종사자를 무선국에 배치하여야 한다.

전파법 시행령 제117조(무선종사자의 자격 · 정원 배치기준)
① 법 제71조에 따른 무선종사자의 자격 · 정원 배치기준은 다음 각 호와 같다.
5. 항공기국: 전파전자통신기사 · 전파전자통신산업기사 또는 항공무선통신사 1명 배치
6. 그 밖의 무선국에 배치하여야 할 무선종사자의 자격 및 정원 배치기준: 과학기술정보통신부장관이 정하여 고시하는 기준

무선종사자 자격 · 정원 배치기준 등에 관한 고시 제3조(자격별 정원)
영 제117조제1항제6호에 따른 무선국에 배치하여야 할 무선종사자의 자격별 정원은 다음과 같다.
1. 통신운용을 위하여 무선국에 배치하여야 할 무선종사자의 자격별 정원은 다음 각 목과 같다.
   가. 영 제44조제1항제4호[항공국 항공지구국 등]에 따른 인명구조 및 재난 관련 무선국, 항공국 등 24시간 청취가 필요한 무선국의 경우에는 무선국 운용허용시간 8시간당 1명을 기준으로 하여 무선국의 운용허용시간과 무선종사자의 통신운용범위에 의하여 정한다.
   나. 가목의 무선국을 제외한 무선국의 경우에는 가목의 기준에 따른 정원의 1/3을 정원으로 할 수 있다.
2. 기술운용을 위하여 무선국에 배치하여야 할 무선종사자의 자격별 정원은 무선국의 송수신기 대수별로 종사범위에 의하여 정한다.
3. 통신운용 및 기술운용이 모두 필요한 무선국에 배치하여야 할 무선종사자의 자격별 정원은 제1호 및 제2호에 따른 무선국 종사자 자격별 정원 중 같거나 더 많은 인원을 기준으로 한다.
4. 무선국에 배치하여야 할 최상위급 자격이 여러 명일 경우에는 해당 무선국 무선종사자의 자격종목과 종사범위에 따라 1명은 최상위급으로 하고 나머지는 차하위급의 자격자로 지정할 수 있다.

3. 전파법령에서 정하는 항공기국에 배치 가능한 무선종사자로 틀린 것은? (22년 1차)
   ① 전파전자통신기사
   ❷ 육상무선통신사
   ③ 전파전자통신산업기사
   ④ 항공무선통신사

1. 항공기국은 해당 무선국에 설치되어 있는 각종 무선설비를 충분히 운용할 수 있는 자격자를 1명 배치하여야 한다. 다음 중 해당자격이 아닌 것은? (18년 4차)
   ① 전파전자통신기사
   ② 전파전자통신산업기사
   ❸ 전파전자통신기능사
   ④ 항공무선통신사

7. 항공기국은 당해 무선국에 설치되어 있는 각종 무선설비를 충분히 운용할 수 있고 해당 국가기술자격을 갖춘 1명을 배치하여야 한다. 이에 해당되지 않는 자격 종목은? (18년 1차)
   ① 전파전자통신기사
   ❷ 육상무선통신사
   ③ 전파전자통신산업기사
   ④ 항공무선통신사

15. 항공기국은 당해 무선국에 설치되어 있는 각종 무선설비를 충분히 운용할 수 있고 해당 국가기술자격을 갖춘 1명을 배치하여야 한다. 이에 해당되지 않는 자격 종목은? (16년 1차)
    ① 전파전자통신기사
    ❷ 육상무선통신사
    ③ 전파전자통신산업기사
    ④ 항공무선통신사

1. 다음은 전파법령에서 규정하고 있는 "무선국에 배치하여야 할 무선종사자의 배치기준"이다. 괄호 안에 적합한 것은? (21년 4차)

> 인명구조 및 재난 관련 무선국, 항공국 등 24시간 청취가 필요한 무선국의 경우에는 무선국 운용허용시간 (   )을 기준으로 하여 무선국의 운용허용시간과 무선종사자의 통신운용범위에 의하여 정한다

   ① 4시간당 1명
   ② 6시간당 1명
   ❸ 8시간당 1명
   ④ 12시간당 1명

6. 무선종사자의 배치 결격자

> **전파법 제71조(무선종사자의 배치)**
> 시설자는 대통령령으로 정하는 자격 및 정원배치기준에 따라 무선종사자를 무선국에 배치하여야 한다. 다만, 다음 각 호의 어느 하나에 해당하는 사람은 무선국에 배치하여서는 아니 된다.
> 1. 피성년후견인
> 2. 「형법」 중 내란의 죄와 외환의 죄, 「군형법」 중 이적의 죄 또는 「국가보안법」을 위반하여 금고 이상의 형을 선고받고 그 집행이 끝나거나 집행을 받지 아니하기로 확정된 후 5년이 지나지 아니한 자

10. 국가보안법을 위반하여 금고 이상의 형을 선고 받고 그 집행이 끝나거나 집행을 받지 아니하기로 확정된 무선종사자는 몇 년 경과 후 무선국에 배치할 수 있는가? (15년 1차)
    ① 1년
    ② 2년
    ③ 3년
    ❹ 5년

7. 항공기국 무선종사자의 배치 경감 사유

> **전파법 제71조(무선종사자의 배치)**
> 시설자는 대통령령으로 정하는 자격 및 정원배치기준에 따라 무선종사자를 무선국에 배치하여야 한다.
>
> **전파법 시행령 제117조(무선종사자의 자격·정원 배치기준)**
> ① 법 제71조에 따른 무선종사자의 자격·정원 배치기준은 다음 각 호와 같다.
> 6. 그 밖의 무선국에 배치하여야 할 무선종사자의 자격 및 정원 배치기준: 과학기술정보통신부장관이 정하여 고시하는 기준
>
> **무선종사자 자격·정원 배치기준 등에 관한 고시 제4조(자격별 정원의 경감)**
> 영 제117조제2항에 따라 무선설비의 설치장소가 같거나 무선설비를 공동으로 사용하는 등의 경우에는 무선종사자의 자격별 정원을 다음 각 호와 같이 경감할 수 있다.
> 1. 다음의 무선국은 무선종사자의 종사범위에 의하여 각 장치에 해당되는 자격 중 최상위급 1명을 지정하되 동일한 이동체에 2국 이상의 무선국을 설치한 때에는 단일한 무선국으로 본다.
>   가. 이동체에 설치한 무선국

> 나. 비상시를 대비하여 시험통화만을 행하는 무선국
> 2. 동일한 시설자에 속하는 2국 이상의 지구국이 설치장소가 동일하고 해당 무선국의 감시제어가 중앙집중 방식인 경우, 중앙집중 운용하는 무선국의 자격별 정원은 영 [별표19]에서 정한 지구국별 정원을 합한 인원의 1/3을 정원으로 하되 최대 정원은 11명으로 한다.
> 6. 항공기국
>   동일한 시설자에 속하는 항공기국이 2국 이상인 경우 시설자는 각 항공기국에 배치되어 있는 무선종사자를 다른 항공기에 종사하게 할 수 있다. 다만, 영 제115조에 의한 자격종목 및 종사범위가 동일한 경우에 한한다.
> 7. 항공국
>   동일한 시설자가 2국 이상의 항공국을 원격제어방식에 의하여 중앙집중 운용하는 경우 원격제어하는 집중국에 종사자를 배치할 수 있으며, 이 경우 중앙집중 운용하는 무선국의 경우에는 항공국별 정원을 합한 인원의 1/3을 정원으로 한다. 다만, 최소인원은 3명, 최대인원은 11명으로 한다.
> 8. 무선조정국과 데이터통신을 위한 무선국이 2국 이상인 경우, 원격제어하는 무선조정국에 무선종사자를 배치할 수 있다. 이때 최소인원은 1명으로 한다.

7. 다음 중 전파법령에 의하여 "무선종사자의 자격별 정원을 경감하여 지정"할 수 있는 경우로 틀린 것은? (21년 1차)

① 동일한 시설자에 속하는 항공기국이 2국이상인 경우
② 동일한 시설자가 2국 이상의 항공국을 원격제어방식에 의하여 중앙집중 운용하는 경우
❸ 동일한 시설자가 2국 이상의 지구국을 원격제어방식에 의하여 중앙집중 운용하는 경우
④ 동일한 시설자에 속하는 2국 이상의 지구국이 설치장소가 동일하고 해당 무선국의 감시제어가 중앙집중방식인 경우

VIII. 전파법 제8장 보칙(제72조 - 제79조)

1. 무선국 개설허가 취소 사유 (★★)

전파법 제72조(무선국의 개설허가 취소 등)
② 과학기술정보통신부장관 또는 방송통신위원회는 시설자가 다음 각 호의 어느 하나에 해당하는 때에는 무선국 개설허가의 취소 또는 개설신고한 무선국의 폐지를 명하거나 6개월 이내의 기간을 정하여 무선국의 운용정지, 무선국의 운용허용시간, 주파수 또는 안테나공급전력의 제한을 명할 수 있다. 다만, 제1호 및 제2호에 해당하는 경우에는 무선국의 취소 또는 폐지를 명하여야 한다.
1. 시설자가 제20조제1항 각 호의 어느 하나에 해당하게 된 경우
2. 거짓이나 그 밖의 부정한 방법으로 제21조에 따른 무선국의 개설허가 또는 변경허가를 받은 경우
3. 제21조제4항에 따른 무선국의 허가증 또는 제22조의2제2항에 따른 무선국 신고증명서에 적혀있는 준공기한(제24조제2항에 따라 기한을 연장한 경우에는 그 기한)이 지난 후 30일이 지날 때까지 준공신고를 마치지 아니한 경우
4. 제23조제2항에 따른 인가를 받지 아니하거나 제3항에 따른 신고를 하지 아니하고 무선국을 운용한 경우
4의2. 제19조의2제1항제3호의 무선국을 제24조제1항에 따른 준공신고를 하지 아니하고 운용하거나 제25조제3항(제58조제3항 단서에 따라 준용되는 경우를 포함한다)을 위반하여 재검사를 받지 아니하고 운용한 때
4의3. 제24조제3항 단서 및 제25조제3항 단서(제58조제3항 단서에 따라 준용되는 경우를 포함한다)에 따른 기한(검사기관의 사정으로 발생한 지연 일수는 검사기간 산정에서 제외한다)까지 재검사를 신청하지 아니하거나 재검사 신청 후 재검사에 합격하지 못한 경우
5. 제24조제4항 및 제5항(제58조제3항 본문에 따라 준용되는 경우를 포함한다)에 따른 검사를 거부하거나 방해한 경우
6. 제25조제1항을 위반하여 준공검사를 받지 아니하고 무선국을 운용한 경우
7. 정당한 사유 없이 계속하여 6개월 이상 무선국의 운용을 휴지한 경우
8. 전파사용료를 내지 아니한 경우
9. 제25조제2항을 위반하여 허가 또는 신고 사항의 범위를 벗어나 무선국을 운용한 경우
10. 제28조제1항을 위반하여 의무선박국 및 의무항공기국이 갖추어야 할 사용주파수 및 전파형식 등의 무선국의 조건을 갖추지 아니한 경우
11. 제30조제1항을 위반하여 통신보안에 관한 사항을 지키지 아니한 경우
12. 제31조제1항을 위반하여 외국의 실험국과 통신을 한 경우

13. 제31조제2항을 위반하여 실험국과 아마추어국이 암어를 사용하여 통신을 한 경우
14. 제45조를 위반하여 무선설비의 기술기준이 적합하지 아니한 경우
15. 제47조를 위반하여 무선설비를 안전시설기준에 따라 설치하지 아니한 경우
16. 제48조제1항을 위반하여 승인을 받지 아니하고 무선설비를 다른 사람에게 임대·위탁운용하거나 다른 사람과 공동으로 사용한 경우
17. 제69조제1항을 위반하여 수수료를 내지 아니한 경우
18. 제70조제3항을 위반하여 무선종사자가 종사범위를 벗어나 무선설비를 운용하거나 공사를 한 경우
19. 제70조제4항을 위반하여 무선종사자가 아닌 자가 무선설비를 운용하거나 공사를 한 경우
20. 제71조를 위반하여 무선종사자를 무선국에 배치하지 아니하거나 제71조 각 호의 어느 하나에 해당하는 사람을 무선국에 배치한 경우

12. 다음 중 정당한 사유 없이 계속하여 6개월 이상 무선국의 운용을 휴지한 경우 과학기술정보통신부장관 또는 방송통신위원회가 취할 수 있는 조치는? (22년 1차)
① 무선종사자 기술자격의 정지
② 무선국의 변경
③ 무선국검사 합격 취소
❹ 무선국 개설허가의 취소

18. 무선국의 허가를 받은 자가 준공기한(기한을 연장한 경우에는 그 기한)이 지난 후 몇 일이 지날 때까지 준공신고를 마치지 아니한 경우에 무선국의 개설허가를 취소할 수 있는가? (20년 4차)
① 20일
❷ 30일
③ 40일
④ 50일

16. 다음 중 과학기술정보통신부장관이 무선국의 허가를 취소 할 수 있는 경우가 아닌 것은? (19년 4차)
❶ 정당한 사유없이 계속하여 3개월 동안 무선국의 운용을 휴지한 경우
② 부정한 방법으로 무선국의 허가를 받은 경우
③ 개설허가 받은 항공국을 준공검사 받지 않고 운용한 경우
④ 전파사용료를 납부하지 아니한 경우

9. 무선국의 허가를 받은 자가 준공기한(기한을 연장한 경우에는 그 기한)이 지난 후 몇 일이 지날 때까지 준공신고를 마치지 아니한 경우에 무선국의 개설허가를 취소할 수 있는가?(18년 1차)
   ① 20일
   ❷ 30일
   ③ 40일
   ④ 50일

16. 다음 중 미래창조과학부장관이 무선국의 허가를 취소할 수 있는 경우가 아닌 것은? (17년 1차)
   ❶ 정당한 사유 없이 계속하여 3개월 동안 무선국의 운용을 휴지한 경우
   ② 부정한 방법으로 무선국의 허가를 받은 경우
   ③ 개설허가 받은 항공국을 준공검사 받지 않고 운용한 경우
   ④ 전파사용료를 납부하지 아니한 경우

20. 다음 중 정당한 사유 없이 계속하여 6개월 이상 무선국의 운용을 휴지한 경우 미래창조과학부장관이 취할 수 있는 조치는? (15년 1차)
   ① 무선종사자 기술자격의 정지
   ② 무선국의 운용정지
   ③ 무선국의 운용제한
   ❹ 무선국 개설허가의 취소

2. 비상사태시 과학기술정보통신부장관 조치 (★)

> **전파법 제72조(무선국의 개설허가 취소 등)**
> ③ 과학기술정보통신부장관 또는 방송통신위원회는 다음 각 호의 어느 하나에 해당하는 경우에는 무선국 개설허가의 취소 또는 개설신고한 무선국의 폐지를 명하거나 무선국의 변경·운용제한 또는 운용정지를 명할 수 있다.
> 1. 비상사태가 발생한 경우
> 2. 혼신을 방지하기 위하여 필요한 경우
> 3. 제6조의2에 따라 주파수회수 또는 주파수재배치를 한 경우
> ④ 과학기술정보통신부장관 또는 방송통신위원회는 제1항의 경우에는 효력상실의 뜻을, 제2항이나 제3항에 따른 처분을 한 경우에는 처분내용과 그 사유를 시설자에게 서면으로 알려주어야 한다.
> ⑤ 제2항과 제3항에 따른 무선국 개설허가의 취소 또는 개설신고한 무선국의 폐지 명령 등에 대한 세부적인 기준, 그 밖에 필요한 사항은 대통령령으로 정한다.

15. 다음 중 비상사태가 발생한 경우 과학기술정보통신부장관이 무선국에 대하여 취할 수 있는 조치가 아닌 것은? (21년 1차)
    ① 무선국의 개설허가 취소
    ❷ 무선국의 위탁운용 명령
    ③ 무선국의 운용정지 명령
    ④ 무선국의 변경 명령

10. 다음 중 비상사태가 발생하거나 혼신방지상 필요한 경우 과학기술정보 통신부장관이 취할 수 있는 조치로 틀린 것은? (19년 4차)
    ❶ 무선종사자 기술자격정지
    ② 무선국의 변경
    ③ 무선국의 운용제한
    ④ 무선국의 운용정지

17. 다음 중 비상사태가 발생하거나 혼신방지상 필요한 경우 과학기술정보부장관이 취할 수 있는 조치로 틀린 것은? (18년 4차)
    ❶ 무선종사자 기술자격정지
    ② 무선국의 변경
    ③ 무선국의 운용제한
    ④ 무선국의 운용정지

20. 다음 중 비상사태가 발생한 경우 미래창조과학부장관이 무선국에 대하여 취할 수 있는 조치가 아닌 것은?
(16년 1차)
① 무선국의 개설허가 취소
❷ 무선국의 위탁운용 명령
③ 무선국의 운용정지 명령
④ 무선국의 변경 명령

3. 무선종사자에 대한 행정처분 기준

전파법 제76조(무선종사자의 기술자격의 취소 등)
① 과학기술정보통신부장관은 무선종사자가 다음 각 호의 어느 하나에 해당하면 대통령령으로 정하는 바에 따라 기술자격을 취소하거나 3년의 범위에서 업무종사의 정지를 명할 수 있다. 다만, 제1호에 해당하는 경우에는 기술자격을 취소하여야 한다.
1. 거짓이나 그 밖의 부정한 방법으로 무선종사자의 기술자격을 취득한 경우
1의2. 다른 사람에게 무선종사자의 명의를 사용하게 하거나 기술자격증을 빌려준 사람
2. 제25조제1항을 위반하여 준공검사를 받지 아니하고 무선국을 운용한 경우
3. 제25주제2항을 위반하여 허가 또는 신고 사항의 범위를 벗어나 무선국을 운용한 경우
4. 제27조를 위반하여 과학기술정보통신부장관이 정하여 고시하는 호출방법, 응답방법, 운용시간, 청취의무, 그 밖의 통신방법 등을 지키지 아니하고 운용한 경우
5. 제28조제2항을 위반하여 조난통신·긴급통신·안전통신을 수신하고도 필요한 조치를 하지 아니한 경우
6. 제28조제3항을 위반하여 선박국이 해안국의 통신권에 들어왔을 때와 통신권을 벗어날 때에 해안국에 그 사실을 알리지 아니한 경우
7. 제28조제4항을 위반하여 항공기국이 항공국과 연락을 하지 아니한 경우
8. 제30조제1항을 위반하여 통신보안사항을 지키지 아니하거나 같은 조 제2항에 따른 통신보안교육을 받지 아니한 경우
9. 제31조제2항을 위반하여 실험국과 아마추어국이 암어를 사용하여 통신을 한 경우
10. 제70조제3항을 위반하여 무선종사자가 그 종사범위를 벗어나 무선설비를 운용하거나 공사를 한 경우
② 제1항에 따라 기술자격이 취소된 사람은 취소된 날부터 3년간 무선종사자 기술자격을 받을 수 없다.
③ 제1항에 따른 무선종사자의 기술자격의 취소 등에 대한 세부적인 기준, 그 밖에 필요한 사항은 대통령령으로 정한다.

전파법 시행령 제118조(행정처분의 기준)
법 제14조제8항, 제18조의3제1항, 제41조제7항, 제42조의2제4항, 제58조의4제1항·제2항, 제58조의7제2항·제3항, 제72조제2항·제3항 및 제76조제1항에 따른 행정처분의 일반기준은 별표 22의2와 같고, 그 세부기준은 다음 각 호와 같다.
5. 법 제76조제1항에 따른 무선종사자에 대한 행정처분기준: 별표 26

■ 전파법 시행령 [별표 26]

무선종사자에 대한 행정처분기준
(제118조제5호 관련)

위반내용	근거 법조문	위반횟수별 처분기준		
		1차 이상	2차 이상	3차이상 위반
1. 거짓이나 그 밖의 부정한 방법으로 무선종사자의 기술자격을 취득한 경우	법 제76조 제1항제1호	기술자격 취소		
1의2. 다른 사람에게 무선종사자의 명의를 사용하게 하거나 기술자격증을 빌려준 경우	법 제76조 제1항제1호의2	기술자격 취소		
2. 법 제25조제1항을 위반하여 준공검사를 받지 않고 무선국을 운용한 경우	법 제76조 제1항제2호	업무종사 정지 6개월	업무종사 정지 1년	기술자격 취소
3. 법 제25조제2항을 위반하여 허가 또는 신고 사항의 범위를 벗어나 무선국을 운용한 경우	법 제76조 제1항제3호	업무종사 정지 6개월	업무종사 정지 1년	기술자격 취소
4. 법 제27조를 위반하여 과학기술정보통신부장관이 정하여 고시하는 호출방법, 응답방법, 운용시간, 청취의무, 그 밖의 통신방법 등을 지키지 않고 운용한 경우	법 제76조 제1항제4호	업무종사 정지 6개월	업무종사 정지 1년	기술자격 취소
5. 법 제28조제2항을 위반하여 조난통신·긴급통신·안전통신을 수신하고도 필요한 조치를 하지 않은 경우	법 제76조 제1항제5호	업무종사 정지 1년	업무종사 정지 2년	기술자격 취소
6. 법 제28조제3항을 위반하여 선박국이 해안국의 통신권에 들어왔을 때와 통신권을 벗어날 때에 해안국에 그 사실을 알리지 않은 경우	법 제76조 제1항제6호	업무종사 정지 6개월	업무종사 정지 1년	기술자격 취소
7. 법 제28조제4항을 위반하여 항공기국이 항공국과 연락을 하지 않은 경우	법 제76조 제1항제7호	업무종사 정지 6개월	업무종사 정지 1년	기술자격 취소
8. 법 제30조제1항을 위반하여 통신보안사항을 지키지 않은 경우	법 제76조 제1항제8호	업무종사 정지 6개월	업무종사 정지 1년	기술자격 취소
9. 법 제30조제2항에 따른 통신보안교육을 받지 않은 경우	법 제76조 제1항제8호	업무종사 정지 6개월	업무종사 정지 1년	기술자격 취소
10. 법 제31조제2항을 위반하여 실험국과 아마추어국이 암어를 사용하여 통신을 한 경우	법 제76조 제1항제9호	업무종사 정지 1년	업무종사 정지 2년	기술자격 취소
11. 법 제70조제3항을 위반하여 무선종사자가 그 종사범위를 벗어나 무선설비를 운용하거나 공사를 한 경우	법 제76조 제1항제10호	업무종사 정지 1년	업무종사 정지 2년	기술자격 취소

16. 조난, 긴급, 안전통신을 수신하고도 필요한 조치를 취하지 아니한 때 무선종사자에 대하여 1차 업무정지처분 기준 기간은? (21년 1차)
   ① 업무종사 정지 6개월
   ❷ 업무종사 정지 1년
   ③ 업무종사 정지 2년
   ④ 기술자격 취소

4. 처분시 청문 대상

> **전파법 제77조(청문)**
> 과학기술정보통신부장관 또는 방송통신위원회는 다음 각 호의 어느 하나에 해당하는 처분을 하려면 청문을 하여야 한다.
> 1. 제6조의2에 따른 주파수회수 또는 주파수재배치
> 2. 제14조제8항에 따른 주파수이용권의 양수 또는 임차에 대한 승인 취소
> 3. 제15조의2에 따른 주파수할당의 취소
> 4. 제41조제7항에 따른 위성주파수이용권의 양도 또는 임대 등에 대한 승인 취소
> 5. 제42조의2제4항에 따른 우주국 무선설비의 양도 또는 임대에 대한 승인 취소
> 6. 제58조의4에 따른 적합성평가의 취소
> 7. 제58조의7제2항 및 제3항에 따른 지정시험기관의 업무정지 명령 또는 지정 취소
> 8. 제72조제2항에 따른 무선국 개설허가의 취소 또는 개설신고한 무선국의 폐지, 무선국 운용정지 또는 무선국의 운용허용시간·주파수·안테나공급전력의 제한 명령
> 9. 제76조에 따른 기술자격의 취소 또는 업무종사의 정지 명령

13. 다음 중 전파법 상 처분을 하기위한 청문대상이 아닌 것은? (22년 1차)
   ① 무선국 개설허가의 취소
   ② 적합성평가의 취소
   ❸ 무선국검사 합격 취소
   ④ 무선종사자의 기술자격 취소

5. 권한의 위임·위탁 : 중앙전파관리소장 (★)

> **전파법 제78조(권한의 위임 · 위탁)**
> ① 이 법에 따른 과학기술정보통신부장관의 권한은 대통령령으로 정하는 바에 따라 그 일부를 소속 기관의 장에게 위임할 수 있다.
>
> **전파법 시행령 제123조(권한의 위임 · 위탁)**
> ② 과학기술정보통신부장관은 법 제78조제1항에 따라 다음 각 호의 권한을 중앙전파관리소장에게 위임한다.
> 1. 법 제6조제2항에 따른 주파수 이용현황의 조사 · 확인에 관한 사항
> 2. 법 제19조 · 제19조의2 · 제21조 · 제22조 및 제22조의2에 따른 무선국의 개설허가 · 변경허가 · 개설신고 · 변경신고 및 재허가 등에 관한 사항. 다만, 연주소를 갖추고 안테나공급전력이 1와트를 초과하는 방송국의 개설허가 · 재허가와 이 영 제31조제4항제1호부터 제6호까지의 규정에 따른 변경허가는 제외한다.
> 3. 법 제23조에 따른 시설자 지위(연주소를 갖추고 안테나공급전력이 1와트를 초과하는 방송국에 대한 것은 제외한다) 승계의 인가 및 신고 수리
> 4. 법 제24조에 따른 무선국의 검사(같은 조 제4항제2호에 따른 무선국의 검사는 제외한다)에 관한 사항
> 5. 법 제25조의2에 따른 무선국(연주소를 갖추고 안테나공급전력이 1와트를 초과하는 방송국은 제외한다)의 폐지 · 운용휴지 및 재운용의 신고에 관한 사항
> 6. 법 제27조에 따른 통신방법 등의 준수에 관한 사항
> 7. 법 제28조에 따른 조난통신 등에 관한 사항
> 7의2. 법 제29조제3항제3호부터 제6호까지의 규정 중 어느 하나에 해당하는 활동 또는 조치 등에서 사용되는 전파차단장치의 도입 · 폐기신고
> 7의3. 법 제29조제3항제3호부터 제6호까지의 규정 중 어느 하나에 해당하는 활동 또는 조치 등에서 사용되는 전파차단장치의 제조 · 수입 · 판매인가(제1항제1호의4에 따른 제조 · 수입 · 판매인가에 필요한 전파주파수의 적정성 평가는 제외한다)
> 8. 법 제30조에 따른 통신보안의 준수에 관한 사항
> 9. 법 제34조제3항에 따른 심사 중 지상파방송보조국에 대한 심사
> 10. 법 제47조의2제3항에 따른 전자파 강도 측정 결과 보고의 수리
> 11. 법 제47조의2제5항에 따른 무선국 전자파 강도의 측정 · 조사
> 12. 법 제47조의2제6항에 따른 안전시설의 설치 등의 명령(연주소를 갖추고 안테나공급전력이 1와트를 초과하는 방송국은 제외한다)
> 13. 법 제48조제1항에 따른 무선국 무선설비의 임대 · 위탁운용 및 공동사용의 승인
> 14. 법 제48조의2에 따른 무선설비의 공동사용 명령 및 환경친화적 설치명령에 관한 사항
> 15. 법 제49조 및 제50조에 따른 전파감시 및 국제전파감시 업무(제70조제2호 · 제2호의2에 따른 전파의 탐지 · 분석은 제외한다)에 관한 사항
> 16. 법 제52조에 따른 건축물 또는 공작물에 대한 승인 및 무선방위측정장치 설치장소의 공고
> 17. 법 제54조에 따른 조사 · 확인 및 통지
> 18. 법 제55조에 따른 전파환경의 측정 등 전파환경의 보호에 관한 사항(전파환경에 관한 조사만 해당한다)
> 19. 법 제58조에 따른 전파응용설비의 허가 · 허가취소 · 변경허가, 검사, 폐지 · 운용휴지 · 재운용 신고의 수리 및 허가증의 발급 · 정정 및 재발급

> 19의2. 법 제58조의12제3항에 따른 주파수분배 변경에 따른 방송통신기자재등의 수입·판매 중지 등의 조치에 관한 사항
> 20. 법 제67조에 따른 전파사용료의 부과·징수
> 21. 법 제71조의2에 따른 조사·시험 및 조치 등에 관한 사항(법 제71조의2제1항제2호는 제외한다)
> 22. 법 제72조에 따른 무선국(연주소를 갖추고 안테나공급전력이 1와트를 초과하는 방송국은 제외한다)의 개설허가의 취소, 개설신고한 무선국의 폐지, 운용정지명령 및 운용제한명령에 관한 사항
> 23. 법 제73조에 따른 과징금의 부과·징수(연주소를 갖추고 안테나공급전력이 1와트를 초과하는 방송국은 제외한다)에 관한 사항
> 24. 법 제76조에 따른 무선종사자의 기술자격의 취소 및 업무종사의 정지명령에 관한 사항
> 25. 법 제77조제3호 및 제6호에 따른 청문(연주소를 갖추고 안테나공급전력이 1와트를 초과하는 방송국은 제외한다)
> 26. 법 제78조제2항에 따라 과학기술정보통신부장관이 업무의 일부를 위탁한 진흥원에 대한 지도·감독
> 27. 법 제89조의2·제89조의3 및 제90조부터 제92조까지에 따른 과태료의 부과·징수. 다만, 연주소를 갖추고 안테나공급전력이 1와트를 초과하는 방송국에 대한 부과·징수 및 법 제90조제5호의2부터 제5호의5까지 및 제92조제4호·제5호에 해당하는 경우는 제외한다.
> 28. 제33조제2항·제3항 및 제39조의3제2항에 따른 무선국 허가증 및 신고증명서의 정정·재발급

8. 권한의 위임·위탁 규정에 따라 무선국의 폐지 또는 운용휴지를 하고자 하는 경우 누구에게 신고서를 제출하여야 하는가? (22년 1차)
   ① 한국방송통신전파진흥원장
   ❷ 중앙전파관리소장
   ③ 우정사업본부장
   ④ 국립전파연구원장

15. 권한의 위임·위탁 규정에 따라 무선국의 폐지 또는 운용휴지를 하고자 하는 경우 누구에게 신고서를 제출하여야 하는가? (20년 4차)
    ① 한국방송통신전파진흥원장
    ❷ 중앙전파관리소장
    ③ 우정사업본부장
    ④ 국립전파연구원장

14. 다음 중 각 지방 전파관리소에서 수행하는 업무가 아닌 것은? (18년 4차)
    ❶ 적합성평가의 변경신고 및 잠정인증
    ② 무선국의 개설허가 및 변경허가
    ③ 무선국의 검사
    ④ 무선국 폐지·운용휴지의 신고수리

6. 권한의 위임·위탁 : 한국방송통신전파진흥원

전파법 제78조(권한의 위임 · 위탁)
② 과학기술정보통신부장관은 대통령령으로 정하는 바에 따라 제7조, 제7조의2, 제18조, 제24조제1항·제4항 및 제5항(제58조에 따라 준용되는 경우를 포함한다), 제25조의2제1항(제58조에 따라 준용되는 경우를 포함한다), 제47조의2제4항·제5항 및 제58조의2, 제63조부터 제65조까지, 제69조 및 제70조제1항·제2항에 따른 업무의 일부를 진흥원·협회 또는 「전기통신사업법」에 따른 기간통신사업자에게 위탁할 수 있다.
③ 이 법에 따른 방송통신위원회의 권한은 그 일부를 대통령령으로 정하는 바에 따라 소속 기관의 장에게 위임할 수 있다.
④ 이 법에 따른 방송통신위원회의 업무는 그 일부를 대통령령으로 정하는 바에 따라 진흥원 또는 협회에 위탁할 수 있다.

전파법 시행령 제123조(권한의 위임 · 위탁)
③ 과학기술정보통신부장관은 법 제78조제2항에 따라 다음 각 호의 업무를 진흥원에 위탁한다.
1. 법 제18조에 따른 주파수이용권관리대장의 유지 · 관리
2. 법 제7조 및 제7조의2에 따른 손실보상에 관한 사항 및 그 손실보상에 관한 이의신청(법 제7조제2항에 따른 징수는 제외한다)
3. 과학기술정보통신부장관이 정하여 고시하는 무선국에 대한 법 제24조에 따른 준공검사 등의 검사
4. 법 제47조의2제4항에 따른 전자파강도 측정요청의 수리 및 측정
5. 법 제58조제3항에 따른 산업 · 과학 · 의료용 전파응용설비 등에 대한 준공검사 등의 검사
6. 법 제70조제1항에 따른 무선종사자의 자격검정 시험의 실시(「국가기술자격법」에 따라 진흥원에 위탁한 사항은 제외한다)
7. 법 제70조제2항에 따른 무선종사자 기술자격증의 발급에 관한 사항(「국가기술자격법」에 따라 진흥원에 위탁한 사항은 제외한다)

한국방송통신전파진흥원이 검사업무를 하는 무선국
1. 검사기관 : 한국방송통신전파진흥원
2. 검사대상 무선국 : 다음 각목의 무선국을 제외한 무선국
   가. 시설자가 국가기관(단, 지방자치단체 제외)인 무선국
   나. 시설자가 방송사업자인 무선국(단, 위성방송보조국 제외)

12. 다음 중 한국방송통신전파진흥원에서 검사를 실시하는 무선국이 아닌 것은? (15년 4차)
   ❶ 한국방송공사 소속 고정국
   ② 소방서 소속 육상이동국
   ③ 공기업 소속 고정국
   ④ 이동통신사업자 이동중계국

Ⅸ 전파법 제9장 벌칙 (★)(제80조 - 제93조)

> **전파법 제80조(벌칙)**
> ① 무선설비나 전선로에 주파수가 9킬로헤르츠 이상인 전류가 흐르는 통신설비(케이블전송설비 및 평형2선식 나선전송설비를 제외한 통신설비를 말한다)를 이용하여 「대한민국헌법」 또는 「대한민국헌법」에 따라 설치된 국가기관을 폭력으로 파괴할 것을 주장하는 통신을 한 자는 1년 이상 15년 이하의 징역에 처한다.
> ② 제1항의 미수범은 처벌한다.
> ③ 제1항의 죄를 저지를 목적으로 예비하거나 음모한 자는 10년 이하의 징역에 처한다.

13. 「대한민국 헌법」 또는 「대한민국 헌법」에 따라 설치된 국가기관을 폭력으로 파괴할 것을 주장하는 통신을 한 자에 대한 벌칙은? (18년 4차)
① 3년 이하의 징역 또는 1,000만원 이하의 벌금
❷ 1년 이상 15년 이하의 징역
③ 5년 이하의 징역 또는 5,000만원 이하의 벌금
④ 5년 이상의 징역 또는 금고

20. 「대한민국 헌법」 또는 「대한민국 헌법」에 따라 설치된 국가기관을 폭력으로 파괴할 것을 주장하는 통신을 한 자에 대한 벌칙은? (15년 4차)
① 3년 이하의 징역 또는 1,000만원 이하의 벌금
❷ 1년 이상 15년 이하의 징역
③ 5년 이하의 징역 또는 5,000만원 이하의 벌금
④ 5년 이상의 징역 또는 금고

> **전파법 제81조(벌칙)**
> ① 다음 각 호의 어느 하나에 해당하는 자는 10년 이하의 징역 또는 1억원 이하의 벌금에 처한다.
> 1. 조난통신·긴급통신 또는 안전통신을 발신하여야 할 사태에 이르렀는데도 그 선장이나 기장이 필요한 명령을 하지 아니하거나 무선통신 업무에 종사하는 자로서 그 명령을 받고 지체 없이 이를 발신하지 아니한 자
> 2. 무선통신 업무에 종사하는 자로서 제28조제2항에 따른 조난통신의 조치를 하지 아니하거나 지연시킨 자
> 3. 조난통신의 조치를 방해한 자
> ② 제1항제2호 및 제3호의 미수범은 처벌한다.

8. 조난통신을 발신하여야 할 사태에 이르러 기장이 필요한 명령을 하지 아니하거나 무선통신업무에 종사하는 자로서 그 명령을 받고 지체 없이 이를 발신하지 아니한 자에 대한 벌칙은? (18년 1차)
   ❶ 10년 이하의 징역 또는 1억원 이하의 벌금
   ② 5년 이하의 징역 또는 5천만원 이하의 벌금
   ③ 3년 이하의 징역 또는 3천만원 이하의 벌금
   ④ 1년 이하의 징역 또는 1천만원 이하의 벌금

19. 항공기국의 무선통신업무에 종사하는 자가 조난통신을 수신하고 즉시 응답하지 않거나 구조를 위한 조치를 하지 아니하고 지연시킨 경우 벌칙은? (16년 1차)
   ① 1년 이상 15년 이하의 징역
   ❷ 10년 이하의 징역 또는 1억원 이하의 벌금
   ③ 5년 이하의 징역 또는 5천만원 이하의 벌금
   ④ 3년 이하의 징역 또는 3천만원 이하의 벌금

> **전파법 제82조(벌칙)**
> ① 다음 각 호 어느 하나의 업무에 제공되는 무선국의 무선설비를 손괴(損壞)하거나 물품의 접촉, 그 밖의 방법으로 무선설비의 기능에 장해를 주어 무선통신을 방해한 자는 10년 이하의 징역 또는 1억원 이하의 벌금에 처한다.
> 1. 전기통신 업무
> 2. 방송 업무
> 3. 치안유지 업무
> 4. 기상 업무
> 5. 전기공급 업무
> 6. 철도 · 선박 · 항공기의 운행 업무
> ② 제1항에 따른 무선설비 외의 무선설비에 대하여 제1항에 해당하는 행위를 한 자는 5년 이하의 징역 또는 5천만원 이하의 벌금에 처한다.
> ③ 제1항과 제2항의 미수범은 처벌한다.

19. 항공기의 운행업무에 제공되는 무선국의 무선설비 기능에 장해를 주어 무선통신을 방해한 자에 대한 벌칙은? (15년 4차)
   ① 1년 이하의 징역
   ② 3년 이하의 징역 또는 2,000만원 이하의 벌금
   ③ 5년 이하의 징역 또는 3,000만원 이하의 벌금
   ❹ 10년 이하의 징역 또는 1억원 이하의 벌금

전파법 제84조(벌칙)
다음 각 호의 어느 하나에 해당하는 자는 3년 이하의 징역 또는 3천만원 이하의 벌금에 처한다.
1. 제19조제1항에 따른 허가를 받지 아니하거나 제19조의2제1항에 따른 신고를 하지 아니하고 같은 항 제3호 및 제4호의 무선국을 개설하거나 운용한 자
1의2. 제29조제5항에 따른 인가를 받지 아니하고 전파차단장치를 제조·수입 또는 판매한 자
2. 제41조제3항에 따른 승인을 받지 아니하고 위성주파수이용권의 전부 또는 일부를 양도·양수 또는 임대·임차하거나 위성주파수등의 이용을 중단한 자
3. 제42조의2제1항에 따른 승인을 받지 아니하고 우주국 무선설비의 전부나 일부를 양도·양수하거나 임대·임차(무선설비를 위탁운용하거나 다른 자와 공동으로 사용하는 경우를 포함한다)한 자
4. 제58조제1항에 따른 허가를 받지 아니하고 같은 항 제2호에 따른 통신설비를 설치하거나 운용한 자
5. 제58조의2에 따른 적합성평가를 받지 아니한 기자재를 판매하거나 판매할 목적으로 제조·수입한 자
6. 제58조의10제1항을 위반하여 적합성평가를 받은 기자재를 복제·개조 또는 변조한 자

15. 허가를 받지 아니하고 무선국을 개설하거나 이를 운용한 자에 대한 벌칙은? (19년 4차)
   ① 1년 이하의 징역 또는 1천만원 이하의 벌금
   ❷ 3년 이하의 징역 또는 3천만원 이하의 벌금
   ③ 5년 이하의 징역 또는 5천만원 이하의 벌금
   ④ 10년 이하의 징역 또는 1억원 이하의 벌금

전파법 제86조(벌칙)
다음 각 호의 어느 하나에 해당하는 자는 1년 이하의 징역 또는 1천만원 이하의 벌금에 처한다.
1. 제24조제4항 및 제5항(제58조제3항 본문에 따라 준용되는 경우를 포함한다), 제47조의2제5항 및 제71조의2제1항 및 제2항(제47조의3제4항에 따라 준용되는 경우를 포함한다)에 따른 검사·측정·조사·시험 또는 현장 출입을 거부하거나 방해한 자
2. 삭제
3. 제47조의2제6항에 따른 명령을 이행하지 아니한 자
4. 제52조제1항에 따른 승인을 얻지 아니하고 건조물 또는 인공구조물을 건설한 자
4의2. 제58조의2제1항을 위반하여 적합성평가를 받지 아니한 기자재를 판매·대여할 목적으로 진열·보관 또는 운송하거나 무선국·방송통신망에 설치한 자
5. 제58조의4제1항 및 제71조의2제5항에 따른 명령을 이행하지 아니한 자
5의2. 제58조의10제2항을 위반하여 복제 또는 개조·변조한 기자재를 판매·대여하거나 판매·대여할 목적으로 진열·보관 또는 운송하거나 무선국·방송통신망에 설치한 자
5의3. 제70조제5항을 위반하여 무선종사자의 기술자격증을 다른 사람에게 빌려주거나 빌린 사람
5의4. 제70조제6항을 위반하여 무선종사자의 기술자격증을 빌려주거나 빌리는 것을 알선한 사람
6. 제72조제2항 또는 제3항(제58조제3항에 따라 준용되는 경우를 포함한다)에 따라 운용정지 명령을 받은 무선국·무선설비 또는 제58조제1항제2호에 따른 통신설비를 운용한 자

17. 무선국 검사를 거부하거나 방해한 자에 대한 벌칙은? (21년 4차)
   ❶ 1년 이하의 징역 또는 1천만원 이하의 벌금
   ② 1년 이하의 징역 또는 600만원 이하의 벌금
   ③ 1천만원 이하의 과태료
   ④ 600만원 이하의 과태료

전파법 제88조(양벌규정)
법인의 대표자나 법인 또는 개인의 대리인, 사용인, 그 밖의 종업원이 그 법인 또는 개인의 업무에 관하여 제84조 또는 제86조의 위반행위를 하면 그 행위자를 벌하는 외에 그 법인 또는 개인에게도 해당 조문의 벌금형을 과(科)한다. 다만, 법인 또는 개인이 그 위반행위를 방지하기 위하여 해당 업무에 관하여 상당한 주의와 감독을 게을리하지 아니한 경우에는 그러하지 아니하다.

---

19. 다음 중 양벌규정에 해당하지 않는 경우는? (15년 1차)
   ① 허가를 받아야 할 무선국을 허가 없이 개설한 경우   법 제84조 제1호
   ② 운용정지 명령을 받은 무선국을 운용한 경우   법 제86조 제6호
   ③ 무선국에 대한 검사, 조사 또는 시험을 거부한 경우   법 제86조 제1호
   ❹ 조난이 없음에도 무선설비에 의하여 조난통신을 말하는 경우

전파법 제90조(과태료)
다음 각 호의 어느 하나에 해당하는 자에게는 300만원 이하의 과태료를 부과한다.
1. 제18조의2제3항에 따른 사용승인서에 포함된 전파의 형식, 점유주파수대역폭 및 주파수, 안테나공급 전력, 안테나의 형식·구성 및 이득에 관한 사항을 위반하여 운용한 경우
1의2. 제19조의2제1항제1호 및 제2호에 따른 무선국을 신고하지 아니하고 운용한 자

전파법 제91조(과태료)
다음 각 호의 어느 하나에 해당하는 자에게는 200만원 이하의 과태료를 부과한다.
1. 제28조제2항을 위반하여 긴급통신·안전통신 또는 비상통신에 관한 의무를 이행하지 아니한 자
2. 제29조제2항 본문을 위반하여 무선국을 운용한 자
3. 제30조제1항에 따른 통신보안사항을 지키지 아니하거나 같은 조 제2항에 따른 통신보안교육을 받지 아니한 자
4. 제45조와 제47조를 위반하여 무선설비의 기술기준 또는 안전시설기준에 적합하지 아니한 무선설비를 운용한 자
5. 제47조의2제3항을 위반하여 전자파 강도의 측정 결과를 보고하지 아니하거나 거짓으로 보고한 자
6. 제70조제4항 본문을 위반하여 무선설비를 운용하거나 공사를 한 자
7. 제76조에 따라 업무종사의 정지를 당한 후 그 기간에 무선설비를 운용하거나 그 공사를 한 자

17. 다음 중 과태료 200만원 이하의 벌칙 규정에 해당되지 않는 것은? (21년 1차)
   ① 긴급통신에 관한 의무를 이행하지 아니한 경우
   ② 통신보안교육을 받지 아니한 경우
   ❸ 무선국을 신고하지 아니하고 무선국을 운용한 경우
   ④ 안전시설기준에 적합하지 아니한 무선설비를 운용한 경우

10. 다음 중 과태료 200만원 이하의 벌칙 규정에 해당되지 않는 것은? (18년 4차)
   ① 긴급통신에 관한 의무를 이행하지 아니한 경우
   ② 통신보안교육을 받지 아니한 경우
   ❸ 무선국을 신고하지 아니하고 무선국을 운용한 경우
   ④ 안전시설기준에 적합하지 아니한 무선설비를 운용한 경우

X 국제법 및 기타 (★)(ITU-RR, ICAO 조약)

20. 항공이동위성업무용 무선국의 운용 시 기준으로 삼아야 하는 시간으로 알맞은 것은? (22년 1차)
   ① 중앙표준시
   ② 국가표준시(NST)
   ❸ 협정세계시(UTC)
   ④ 표준 시보국에 의한 시간

18. 다음 중 'ICAO'를 의미하는 국제기구는? (21년 4차)
   ① 국제민간위성기구
   ② 국제해사위성기구　　　(INMARSAT : International Marine Satellite Organization)
   ❸ 국제민간항공기구　　　(ICAO : International Civil Aviation Organization)
   ④ 국제전기통신위성기구　(INTELSAT : International Telecommunication Satellite Organization)

18. 다음 중 'ICAO'를 의미하는 국제기구는? (16년 1차)
   ① 국제민간위성기구
   ② 국제해사위성기구
   ❸ 국제민간항공기구
   ④ 국제전기통신위성기구

19. 다음 중 국제전기통신연합(ITU)의 공용어가 아닌 것은? (21년 4차)
   ① 중국어
   ② 프랑스어
   ❸ 일본어　　　(공용어 : 영어, 불어, 중국어, 스페인어, 러시아어, 아랍어)
   ④ 영어

18. 다음 중 ITU의 공용어가 아닌 것은? (18년 4차)
   ① 중국어
   ② 프랑스어
   ❸ 일본어
   ④ 영어

16. 다음 중 ITU(국제전기통신연합)의 공식어가 아닌 것은? (16년 1차)
   ❶ 독일어
   ② 러시아어
   ③ 스페인어
   ④ 아랍어

20. 국제전기통신연합(ITU) 전권위원회는 몇 년마다 개최되는가? (21년 4차)
   ① 3년
   ❷ 4년
   ③ 7년
   ④ 10년

20. 국제전기통신연합(ITU) 전권위원회의는 몇 년마다 개최되는가? (19년 4차)
   ① 3년
   ❷ 4년
   ③ 7년
   ④ 10년

20. 다음 중 국제전파규칙 (RR) 에서 규정한 자격증을 소유하고 있지 않은 임시통신사의 업무가 아닌 것은? (20년 4차)
   ❶ 화물운송 계획에 관한 메시지
   ② 인명안전과 직접 관련되는 메시지
   ③ 항공기의 안전운항과 관련되는 메시지
   ④ 조난신호와 그에 관련되는 메시지

18. 다음 중 전파규칙(RR)에서 규정한 항공기국의 검사에 관한 설명으로 옳지 않은 것은? (19년 4차)
   ① 검사관은 조사 목적으로 무선국 허가증의 제시를 요구할 수 있다.
   ② 무선설비기술기준의 적합여부에 대하여 무선설비를 검사 할 수 있다.
   ③ 검사관은 통신사의 자격증 제시를 요구 할 수 있다.
   ❹ 검사관은 통신사에게 직무에 관한 전문지식의 입증을 요구 할 수 있다.

19. 다음 중 전파규칙(RR)의 항공업무에서 규정한 무선전화통신사 일반 자격증 소지자(Radiotelephone Operator's General Certificate)의 업무로 옳은 것은? (19년 4차)
   ① 모든 항공기국의 무선전신 업무
   ② 모든 항공국의 무선전신업무
   ❸ 모든 항공기국 또는 항공기지구국의 무선전화 업무
   ④ 모든 항공국의 무선전신 업무 및 항공지구국의 무선전화 업무

20. 다음 중 무선국이 준수하여야 할 조건으로 틀린 것은? (18년 4차)
   ❶ 항공기국은 어떠한 목적으로도 해상이동업무의 무선국과 통신할 수 없다.
   ② 타 무선국에 대하여 유해한 혼신을 야기시켜서는 안된다.　　　　　　　법 제29조
   ③ 구명이동국 이외의 이동국과 이동지구국은 ITU 업무문서를 비치하여야 한다.
   ④ 항공기국은 해상상공에서의 방송업무를 할 수 없다.

20. 다음 중 무선전화를 사용하는 항공기국의 식별표시로 옳지 않은 것은? (18년 1차)
   ❶ 장소의 지리적 명칭과 무선국의 기능을 표시하는 단어의 조합
   ② 항공기의 소유자를 표시하는 단어를 전치한 호출부호
   ③ 항공기에 할당된 공식 등록기호에 상당하는 글자의 조합
   ④ 정기항공로를 표시하는 단어와 그 다음에 이어지는 항공편 식별번호

18. 다음 중 ITU(국제전기통신연합)의 목적이 아닌 것은? (17년 1차)
   ① 전기통신의 개선과 합리적 이용을 위한 회원국간의 국제협력의 유지 및 증진
   ② 전기통신분야에서 개발도상국에 대한 기술지원의 장려 및 제공
   ❸ 평화적 관계를 증진할 목적으로 하는 전기통신업무의 이용제한
   ④ 일반대중에 의한 이용보급을 위한 기술설비의 개발 촉진

19. 국제전파규칙(RR)에서 규정한 무선전화의 안전신호는? (17년 1차)
   ① PAN
   ② MAYDAY
   ③ SAFETY
   ❹ SECURITE

17. 국제전파규칙(RR)에서 규정한 무선전화의 안전신호는? (15년 4차)
   ① PAN
   ② MAYDAY
   ③ SAFETY
   ❹ SECURITE

20. 다음 중 안전한 전파환경을 조성하기 위한 시책이 아닌 것은? (17년 1차)
   ❶ 전파 이용을 다각화를 위한 홍보 계획 수립 및 시행
   ② 전자파가 인체에 미치는 영향 등 보호대책의 수립, 추진
   ③ 기자재 보호를 위한 전자파적합성에 관한 정책의 수립, 추천
   ④ 전자파 인체흡수율, 전자파강도 및 전파환경 등에 대한 관련 기준 마련 기초전파공학

17. 전파규칙(RR)에서 항공기국의 발사주파수는 누구에 의하여 검사되어야 한다고 규정되어 있는가? (16년 1차)
    ① 항공기국의 통신사
    ❷ 항공기국을 관할하는 검사기관
    ③ 항공기국을 관장하는 항공국
    ④ 항공기국의 시설자

18. 다음 중 RR에서 규정하는 무선전화통신사 자격증에 해당하는 것은? (15년 4차)
    ① 무선전화통신사 임시자격증
    ❷ 무선전화통신사 일반자격증
    ③ 무선전화통신사 1급 자격증
    ④ 무선전화통신사 2급 자격증

11. 선박국과 협동 수색 및 구조작업에 종사하고 있는 항공기국 간의 통신에 사용할 수 있는 주파수는? (15년 1차)
    ❶ 156.3 MHz
    ② 4.125 kHz
    ③ 2.183 kHz
    ④ 500 kHz

18. 국제전파규칙(RR)에 따라 항공기국 검사를 실시한 경우 무선국 검사관은 자신의 검사결과를 누구에게 알려야 하는가? (15년 1차)
    ❶ 항공기의 기장
    ② 항공기 소유자
    ③ 항공기 관할 검사기관
    ④ 항공기의 통신사

20. 해상이동업무의 무선국과 통신하기 위하여 항공기국이 156[MHz]와 174[MHz] 사이의 주파수를 사용하는 경우, 송신기의 평균 송신전력은 몇 [W]를 초과할 수 없는가? (21년 1차)
    ① 50[W]
    ② 30[W]
    ③ 10[W]
    ❹ 5[W]

제2장
영어

I. 영어 과목 출제 분석
II. 항공교통관제용어 (★★★)
III. 국제규정 (★★)
IV. 항공 기초 지식 (★)
V. 알파벳 및 숫자의 음성통화표 (★)
VI. 일반적 영어 상식 (현행 출제기준에서 삭제됨)

I. 영어 과목 출제 분석(최근 8개년 2022년 – 2015년 간 총11회 시험 216개 문제)

구분		개수	비율	
국제규정	항공교통관제용어	88개	41%	84%
	ICAO	35개	17%	
	ITU-RR	28개	13%	
	항공기초지식	28개	13%	
알파벳 및 숫자의 음성통화표		20개	9%	9%
일반적 영어 상식*		17개	7%	7%

※ 국가기술자격검정 홈페이지에 게시된 2017년 개정된 '항공무선통신사 출제기준'을 살펴보면, 2007년부터 출제기준으로 있었던 '일반적 영어 상식'은 2017년부터 삭제되었습니다. 그 이후 항공무선통신사 기출문제를 확인해본바 일반적 영어 상식에 해당하는 문제는 출제되지 않는 것으로 보이나, 전체 기출문제를 수록하기 위하여 해당 부분도 없애지 않고 포함해 두었습니다.

Ⅱ 항공교통관제용어

1. 국제민간항공협약에 따른 우리나라 규정

가. 항공교통관제절차(국토교통부고시)

2-4-16 국제민간항공기구 발음법(ICAO Phonetics)

국제민간항공기구(ICAO) 숫자·문자 발음법을 사용하여야 한다.
(표 2-4-1에 있는 국제민간항공기구 무선전화 알파벳 및 발음법 참고)

표 2-4-1 국제민간항공기구 음성 발음법

A	Alfa	*AL* FAH
B	Bravo	*BRAH* VOH
C	Charlie	*CHAR* LEE
D	Delta	*DELL* TAH
E	Echo	*ECK* OH
F	Foxtrot	*FOKS* TROT
G	Golf	*G*OLF
H	Hotel	HOH *TELL*
I	India	*IN* DEE AH
J	Juliett	*JEW* LEE *ETT*
K	Kilo	*KEY* LOH
L	Lima	*LEE* MAH
M	Mike	*M*IKE
N	November	NO *VEM* BER
O	Oscar	*OSS* CAH
P	Papa	PAH *PAH*

문자	단어	발음
Q	Quebec	KEH *BECK*
R	Romeo	*ROW* ME OH
S	Sierra	SEE *AIR* RAH
T	Tango	*TANG* GO
U	Uniform	*YOU NEE* FORM
V	Victor	*VIK* TAH
W	Whiskey	*WISS* KEY
X	X-ray	*ECKS* RAY
Y	Yankee	*YANG* KEY
Z	Zulu	*ZOO* LOO

주기 : 발음시, 강조하여야 할 음절은 *굵은 이태릭체*로 표기됨

문 자	단 어	발 음
0	Zero	ZE-RO
1	One	WUN
2	Two	TOO
3	Three	TREE
4	Four	FOW-ER
5	Five	FIFE
6	Six	SIX
7	Seven	SEV-EN
8	Eight	AIT
9	Nine	NIN-ER

나. 무선통신매뉴얼(국토교통부고시)

2.6 표준 단어 및 어구

아래에 표기된 단어 및 어구는 무선통신에서 적절히 사용되어야 하며 그 의미는 다음과 같다.

Word/Phrase	Meaning
ACKNOWLEDGE	Let me know that you have received and understood this message. 이 메시지를 수신하고 이해했는지를 알려달라
AFFIRM	Yes 예
APPROVED	Permission for proposed action granted 요청사항에 대해 허가한다
BREAK	I hereby indicate the separation between portions of the message. (To be used where there is no clear distinction between the text and other portions of the message.) 메시지 내용이 분리된 것을 표시한다(메시지와 메시지 사이가 명확하지 않을 때 사용)
BREAK BREAK	I hereby indicate the separation between messages transmitted to different aircraft in a very busy environment. 매우 바쁜 상황에서 서로 다른 항공기에게 전달된 메시지가 분리된 것을 의미한다
CANCEL	Annul the previously transmitted clearance. 이전에 허가했던 것을 취소한다
CHECK	Examine a system or procedure. (No answer is normally expected.) 시스템이나 절차를 확인하라(통상 대답은 하지 않음)
CLEARED	Authorized to proceed under the conditions specified. 특정조건하에서 진행을 허가한다
CONFIRM	Have I correctly received the following . . .? or Did you correctly receive this message? 내가 수신한 내용(...)이 정확한가? 혹은, 이쪽 메시지를 정확하게 수신했는가?

Word/Phrase	Meaning
CONTACT	Establish radio contact with . . . . . .와 무선 교신하라
CORRECT	That is correct. 틀림없다
CORRECTION	An error has been made in this transmission (or message indicated). The correct version is . . . 통신 내용에 잘못된 부분이 발생되었으며, 수정된 내용은 ... 이다
DISREGARD	Consider that transmission as not sent. 송신을 하지않은 것으로 간주한다
GO AHEAD	Proceed with your message. Note- the phrase "GO AHEAD" is not normally used in surface movement communications, 전할 말을 하라 주- 이 표현은 일반적으로 지상이동 통신에는 사용되지 않는다
HOW DO YOU READ	What is the readability of my transmission? 내가 송신한 내용을 쉽게 읽을 수 있는가?
I SAY AGAIN	I repeat for clarity or emphasis, 전달내용을 분명히 하고 강조하기 위해 반복한다
MONITOR	Listen out on (frequency). 주파수를 경청하라
NEGATIVE	No or Permission not granted or That is not correct. NO, 허가불허, 혹은 그것은 정확하지 않다
OUT	This exchange of transmissions is ended and no response is expected. Note- The word "OUT" is not nomally used in VHF communocation 송신이 끝났고 대답은 더 이상 필요하지 않다 주- VHF 통신에는 보통 사용하지 않는다
OVER	My transmission is ended and I expect a response from you. 내 송신은 끝났으니 그 쪽에서 대답하라
READ BACK	Repeat all, or the specified part, of this message back to me exactly as received. 내 메시지의 일부나 전부를 정확하게 반복해보라

Word/Phrase	Meaning
RECLEARED	A change has been made to your last clearance and this new clearance supersedes your previous clearance or part thereof. 이전의 허가사항이 변경되었으니 새로운 허가사항으로 변경하라
REPORT	Pass me the following information. 다음의 정보를 나에게 전해달라
REQUEST	I should like to know . . ., or I wish to obtain . . . . .을 알고싶다...을 얻고싶다
ROGER	I have received all of your last transmission. *Note-* Under no circumstances to ve used in reply to a question requiring "READ BACK" or a direct answer in the affirmative (AFFIRM) or negative(NEGATIVE) 당신의 마지막 송신을 모두 받았다 주- "READ BACK"이나 긍정 및 부정으로 대답을 요구하는 질문에 대한 답으로 사용하여서는 안된다.
SAY AGAIN	Repeat all, or the following part, of your last transmission. 마지막으로 송신한 내용의 전부나 일부를 반복하라
SPEAK SLOWER	Reduce your rate of speech. 말하는 속도를 천천히 하라
STANDBY	Wait and I will call you. 기다리면 내가 부르겠다
VERIFY	Check and confirm with originator. 발신자에게 확인 점검하라
WILCO	(Abbreviation for will comply .) I understand your message and will comply with it. (WILLCOMPLY의 축약형) 당신의 메시지를 알아들었으며 그대로 따르겠다
WORDS TWICE	a) As a request: Communication is difficult. Please send every word or group of w&ds twice. b) As information: Since communication is difficult, every word or group of words in this message will be sent twice. a) 요청시 : 통신내용이 어려우니 모든 낱말이나 구를 두 번 반복해 달라 b) 정보제공시 : 통신내용이 어려우니 이 메시지의 단어나 구를 두 번 보낼 것이다

다. 항공정보매뉴얼(K-AIM)

- **ABEAM** : 항공기 트랙으로부터 좌우로 대략 90°정도에 위치한 상태.

- **ACKNOWLEDGE** : 이 메시지를 수신하고 이해했는지를 알려 달라.

- **ACTIVE RUNWAY** : 현재 이륙·착륙에 사용되는 활주로를 말하며, 복수 활주로가 사용될 때 모든 활주로 모두 사용 활주로(Active runway)로 간주된다(runway in use/active runway/duty runway).

- **ADVISE INTENTIONS** : 당신의 의도를 알려주시오.

- **AERODROME TRAFFIC CIRCUIT**(비행장 교통장주) : 비행장주변에서 운항하는 항공기를 위하여 설정된 특정 경로(Traffic pattern).

- **AERODROME TRAFFIC ZONE**(비행장교통구역) : 비행장교통의 보호를 위하여 비행장 주위에 설정한 일정한 범위의 공역.

- **AFFIRM** : Yes(예).

- **AFFIRMATIVE** : Yes(예).

- **AIRBORNE DELAY**(공중 지연) : 체공으로 인한 지연시간.

- **AIRFILE** : 비행 중 ATC기관에 비행계획시를 제출하는 것.

- **AIR TAXI**(공중활주) : 보통 100ft AGL 미만에서 수행되는 헬리콥터/수직 이·착륙 항공기를 설명하기 위하여 사용된다. 항공기는 20kts 이상의 속도로 Hover Taxi 또는 비행을 할 수 있다. 조종사는 비행 시, 안전한 속도/고도를 유지할 책임이 있다.

- **AIR-TAXIING**(공중 유도) ; 헬리콥터 또는 수직이착륙기가 공항상공을 지표면효과를 고려하여 대기속도 37km/h(20kts) 이하로 비행하는 기동형태.

- **ALTIMETER SETTING**(고도계 수정치) : 현재 대기압에서 기압치 변화량을 조정 또는 표준기압치(29.92)를 맞추기 위하여 사용되는 대기압 수치.

- **ALTITUDE READOUT**(고도 판독) : Mode C 트랜스폰더로 송출된 항공기 고도로서 판독능력을 갖춘 레이더 스코프 상에 100ft 단위로 전시된다.

- **ALTITUDE RESTRICTION**(고도제한) : 특정지점 또는 시간에 도달할 때까지 유지하여야할 고도. 고도제한은 항공교통, 지형지물, 기타 공역 사항을 고려하여 발부된다.

- **ALTITUDE RESTRICTIONS ARE CANCELLED**(고도제한취소) : 상승 또는 강하 중 종전에 발부한 고도 제한 사항의 유지가 더 이상 필요치 않음

- **APPROVED** : 요청사항에 대해 허가한다.

- **APPROACH CLEARANCE**(접근허가) : 조종사에게 계기접근 허가. 당해 계기 접근의 허가 및 기타 관련 정보는 접근허가 발부 시 제공된다.

- **APPROACH SPEED**(접근속도) : 착륙을 위한 접근 시 조종사가 사용하는 항공기교범상의 권고속도. 이 속도는 항공기 중량 및 특성뿐만 아니라 접근의 각 단계에 따라 다르다.

- **AS FILED** : 비행계획서에 제출한 항로정보에 따라 비행을 인가하는 용어.

- **BACK-TAXI** : 사용 활주로 반대방향으로 지상 활주를 지시할 때, 사용되는 용어.

- **BLOCKED** : 무선통신이 다중동시무선으로 인하여 부정확하거나 중단을 나타내기 위하여 사용되는 용어.

- **Below Minimum** : 현재의 기상이 비행을 위하여 규정에 명시된 최소기상이하의 기상일 때의 조언.

- **BREAK** : 메시지 내용이 분리된 것을 표시한다(메시지와 메시지 사이가 명확하지 않을때 사용).

- **BREAK BREAK** : 매우 바쁜 상황에서 서로 다른 항공기에게 전달된 메시지가 분리된것을 의미한다.

- **CANCEL** : 이전에 허가했던 것을 취소한다.

- **CHECK** : 시스템이나 절차를 확인하라(통상 대답은 하지 않음).

- **CIRCLE TO RUNWAY**(runway number) : 조종사에게 사용 활주로 계기접근절차가 설정된 활주로가 아니기 때문에 착륙하기 위하여 선회해야 한다는 것을 통보 시 사용.

- **CLEARANCE VOID IF NOT OFF BY**(time) : 지정된 시간까지 이륙하지 못한 경우, 출발 허가의 자동취소를 항공기에게 조언하기 위한 관제용어.

- **CLEARED** : 특정조건하에서 진행을 허가한다.(이륙/착륙/taxing등).

- **CLEARED AS FILED** : 항공기가 제출된 비행계획서의 비행로에 따라서 진행을 허가하는 것을 의미한다.

- **CLEARED APPROACH** : 공항의 표준 또는 특정 계기접근절차를 실행하도록 항공기에 대한 ATC 인가. 일반적으로 항공기에게 특정 계기접근 절차를 허가.

- **CLEARED TO LAND** : 착륙항공기에 대한 항공교통관제(ATC) 허가. 착륙허가는 알려진 교통과 알려진 물리적 공항상태를 포함한다.

- **Climb and maintain** : 현재의 고도에서 상승하여 지정된 고도로 비행하라는 지시.

- **Climb at pilot's discretion** : 조종사가 원하는 상승시기와 상승률로 상승해도 된다는 관제사의 승인.

- **CONFIRM '—'** : 내가 수신한 내용 '—'이 정확한가? 또는, 나의 메시지를 정확하게 수신했는가?

- **CONTACT** : XXX와 무선 교신하라.

- **CORRECT** : 정확하다.

- CORRECTION '─' : 통신 내용에 잘못된 부분이 발생되었으며, 수정된 내용은 '─'이다.

- CROSS (fix) AT (altitude) : 특정지점에서 특정한 고도제한이 요구되는 경우 항공교통관제시설에서 사용되는 용어. 조종사는 그 지점을 지정된 고도로 통과.

- CROSS (fix) AT OR ABOVE (altitude) : 특정지점에서 고도제한이 요구되는 경우 항공교통관제시설에서 사용되는 용어. 이것은 그 지점을 지정된 고도보다 높게 통과하는 것을 의미.

- CROSS (fix) AT OR BELOW (altitude) : 특정 지점에서 최대통과고도가 요구되는 경우 사용되는 용어. 이것은 그 지점에서 더 낮은 고도로 통과하는 것을 의미.

- DELAY INDEFINITE (Reason If Know) EXPECT FURTHER CLEARANCE (Time) : 지연시간 또는 지연 이유를 즉시 알 수 없는 경우, 조종사에게 통보할 때 사용되는 용어. 예를 들면, 활주로상의 고장 항공기, 공항 또는 항공로지역의 수용한계초과 착륙 최저치 미만의 기상 등.

- Descend and maintain : 현재의 고도에서 강하하여 지정된 고도로 비행하라는 지시.

- Descend at pilot's discretion : 조종사가 원하는 강하시기와 강하율로 강하해도 된다는 관제사의 승인.

- Descend via --- (STAR) : 조종사에게 설정된 STAR절차에 따라 강하를 허가.

- DISREGARD : 송신하지 않은 것으로 간주한다.

- Enter (Left/Right) base : 비행장장주 base leg의 연장선상으로 진입을 승인.

- Exit without delay : 신속하게 활주로를 벗어나라는 관제사의 지시.

- EXPECT engine startup : 출항을 위하여 주기장에 대기하고 있는 항공기에게 예상되는 엔진시동시간을 알려 줄 때 사용.

- EXPECT FURTHER CLEARANCE (Time) : 허가한계점 이후에 대한 허가발부를 조종사가 예상 할 수 있는 시간.

- EXPEDITE : 긴박한 상황으로 위험을 방지하기 위하여 신속한 이행이 요구될 때 사용 되는 경고.

- FILED FLIGHT PLAN(제출된 비행계획) : 후속 변경 또는 허가 없이 조종사 또는 지정된 대리인에 의하여 ATC 기관에 제출된 비행계획서.

- FIX (픽스) : 지면에 대한 시각 참조, 하나 이상의 무선 항행안전시설참조, 항법장치에 의하여 결정된 지리학적 위치.

- FLIGHT PATH : 항공기가 비행 중이거나 비행할 예정인 진로(track).

- FLY HEADING (DEGREES) : 지시한 자침기수방향으로 조종사에게 선회 후 비행하도록 조종사에게 지시할 때 사용되는 용어로서 조종사는 관제사가 별도로 지시를 발부하지 아니한 경우, 관제사가 지시한 방향으로 부터 가까운 방향으로 선회.

- **FOLLOW** (description) : 운항 중인 항공기에 대한 진행순서 배정을 목적으로 이동경로 상에 앞서 진행 중인 항공기를 뒤따를 것을 지시하고자 할 때에 사용되는 관제용어.

- **GO AHEAD** : 전할 말을 하라.

- **HOLD** : 항공기로 하여금 대기를 지시하고자 할 경우에 사용.

- **HOLD PROCEDURE**(체공절차) : 항공기가 지정된 공역 내에서 항공교통관제허가를 기다리는 동안 따라야 하는 예상된 비행절차를 말한다. 또한 지상운행 중에 있는 항공기가 관제허가를 기다리는 동안 지정된 지역 또는 지정된 지점 내에서 대기할 때 사용.

- **HOLD SHORT OF** : 지상이동 중인 항공기에게 다음지시가 있을 때까지 지정된 장소 또는 활주로 근처에 대기하라는 지시.

- **HOLDING FIX**(체공픽스) : 체공중 항공기의 위치 설정 및 유지를 위한 참조점으로 사용되는 지점으로 지상의 항행안전시설 또는 시각참조물에 의하여 조종사에게 식별 가능한 특정지점.

- **HOLDING POINT** : 지상이동 중인 항공기에게 다음지시가 있을 때까지 현재의 장소에 대기하라는 지시.

- **HOLD FOR WAKE TURBULENCE** : 앞선 대형항공기와의 시간 및 거리조정을 위하여 이륙하려는 항공기를 대기시킬 때 사용.

- **HOLD FOR RELEASE** : 기상 및 교통량과 같은 교통운용상의 이유 등으로 항공기를 지연시키기 위한 것으로, 출발을 위한 대기지시는 조종사에게 출발허가시간 또는 추가 지시까지 계기비행(IFR) 출발허가가 적절치 않음을 통보하기 위하여 사용한다.

- **HOVER CHECK** : 헬리콥터/VTOL항공기가 공중활주, 또는 이륙 전에 성능/출력 점검을 수행하기 위하여 안정된 공중 부양을 요구하는 경우.

- **HOVER TAXI** : 헬리콥터/VTOL항공기가 지표면 위를 대략 20kts 미만의 속도로 공중활주하는 이동.

- **HOW DO YOU READ** : 나의 송신 감도는 어떻습니까?

- **INTERSECTION**(교차점) : 두 개의 활주로, 활주로와 유도로가 교차하거나 만나는 지점을 나타낼 때 사용하는 용어.

- **INTERSECTION DEPARTURE**(중간이륙) : 활주로 끝이 아닌 활주로 교차점으로부터의 출발.

- **JET BLAST** : 제트엔진후류(thrust stream turbulence)

- **I SAY AGAIN** : 전달내용을 분명히 강조하기 위해, 내용을 반복하여 송신할 때 사용하는 용어.

- **LAND AND HOLD SHORT OPERATIONS** (LAHSO): 동시 이·착륙 및 착륙절차에 포함된 운영절차로서 착륙항공기 스스로가 교차 활주로/유도로나 지정된 근접대기지점에서 대기할 수 있거나 관제사로부터 지시 받아 대기하는 운영절차.

- **LAHSO-DRY** : 건조한 활주로 상에서의 착륙 및 정지선 대기운영.

- **LAHSO-WET** : 젖은 활주로 상의 착륙 및 정지선 대기운영지역.

- **LANDING ROLL**(착륙활주) : 착륙 접지점으로부터 항공기가 멈추거나 활주로를 개방하는 지역까지의 거리.

- **LOW APPROACH**(저고도 접근) : 항공기가 활주로에 접지하지 않고 복행을 포함한 시계접근 또는 계기접근으로 비행장 활주로를 따라 접근하는 것.

- **MAKE SHORT APPROACH** : 단거리 최종접근을 하기 위하여 조종사에게 비행 장주를 변경하도록 통보하는데 사용.

- **MONITOR** : 주파수를 청취하기 바란다.

- **NEGATIVE** : NO, 또는 허가불허, 혹은 그것은 정확하지 않다.

- **OFF COURSE**(진로이탈) : 허가된 비행경로와 항공기가 보고한 위치 또는 레이더 상에 포착된 위치가 다를 경우 사용하는 용어.

- **OFF-ROUTE VECTOR**(항공로 이탈 유도) : 사전에 배정한 항공로를 이탈하여 유도되는 것으로, 유도 중에 배정되는 고도는 장애물을 회피할 수 있는 고도이어야 한다.

- **OPTION APPROACH**(선택 접근) : Touch-and-go, missed approach, low approach, stop-and-go 및 full stop landing을 조종사 요구에 의하여 임의로 선택하여 실시할 수 있는 접근.

- **OUT** : 송신이 끝났고 응답을 더 이상 기대하지 않음.

- **OVER** : 내 송신은 끝났으니 응답하기 바람.

- **PILOT'S DISCRETION** : 조종사가 원하는 시기 또는 비율로 상승 및 강하를 허가.

- **POSITION AND HOLD** : 조종사에게 이륙활주로 상의 이륙위치로 활주하여 대기 지시를 발부할 때 사용하는 용어로, 이륙을 허가하는 것은 아니다.

- **PUBLISHED ROUTE** : 공고된 계기비행용 고도가 설정된 비행로. 예를 들면, 지역항법 비행로 및 특정 직선비행로.

- **QNE**(표준 기압) : 표준 고도수정치를 위하여 사용되는 기압(29.92 in Hg).

- **QNH**(현지 기압) : 특정 지역에서 보고되는 기압.

- **QUADRANT**(상한) : 항행안전시설(NAVAID)을 중심으로 원의 ¼부분이며, NE 상한 000-089, SE 상한 090-179, SW 상한 180-269, NW 상한 270-359과 같이 자북으로부터 시계방향으로 표기.

- **READ BACK** : 내 메시지의 일부나 전부를 정확하게 반복해보세요.

- **RECLEARED** : 이전의 허가사항이 변경되었으니 새로운 허가사항으로 변경하라.

- **REPORT** : 다음의 정보를 나에게 전해 달라.

- REQUEST : -을 알고 싶다, ...을 얻고 싶다.
- ROGER : 당신의 마지막 송신을 모두 받았다. 잘 알았다.
- SAY AGAIN : 마지막으로 송신한 내용의 전부나 일부를 다시 송신하시오.
- SPEAK SLOWER : 말하는 속도를 천천히 하라.
- STANDBY : 기다리면 내가 부르겠다.
- STOP AND GO(정지 후 이륙) : 항공기가 착륙하여 활주로 상에서 완전히 정지한 후, 동일 지점에서 이륙하는 절차.
- TAXI HOLDING POSITION(지상활주대기지점) : 지상 활주하는 항공기와 차량이 활주로와 적절한 안전간격을 유지하기 위하여 대기하도록 지정된 장소.
- TAXING(지상 활주) : 이·착륙을 제외한 항공기 자체동력을 이용한 비행장표면에서의 항공기 이동.
- TOUCH-AND-GO : 활주로 상에서 정지하거나 벗어남이 없이 착륙과 이륙을 행하는 항공기에 의한 기동.
- TRAFFIC NO FACTOR : 이전에 발부한 교통정보조언에 대하여 항공기가 더 이상 영향을 주지 않음을 나타낸다.
- TRAFFIC NO LONGER OBSERVED : 이전에 발부한 교통정보조언 관련 항공기가 더 이상 레이더 스코프상에 전시되지 않으나 여전히 장애요소로 존재함을 의미.
- TRAFFIC PATTERN(교통장주) : 공항에 착륙하거나 지상 활주 또는 이륙하는 항공기에 대하여 규정한 교통 장주로서 upwind leg, crosswind leg, downwind leg, base leg, final approach로 구성된다.
  1. UPWIND LEG - 착륙활주로의 착륙방향과 일치하고 평행인 비행로.
  2. CROSSWIND LEG - upwind leg의 끝에서 착륙활주로의 착륙방향과 직각을 이루는 비행로.
  3. DOWNWIND LEG - 착륙활주로의 착륙방향과 반대 방향으로서 평행인 비행로.
  4. BASE LEG - 착륙활주로의 방향과 직각을 이루는 비행로로서 통상적으로 downwind leg 끝에서부터 활주로 중심선의 연장선과의 교차점까지를 일컫는다.
  5. FINAL APPROACH - 착륙활주로의 연장선을 따라 착륙방향과 일치하는 비행로로서 통상 base leg끝에서 부터 활주로까지를 일컫는다.
- TRANSITION : 비행단계 또는 비행 상황이 다른 비행단계 또는 비행 상황으로의 전환을 기술하는 일반적인 용어.
- TRANSITION ALTITUDE(전이고도): 항공기의 수직위치를 고도로 나타내는 기준고도 또는 그 이하의 고도 (FL140).

- **TRANSITION POINT**(전이지점) : 도착항공기가 통상적으로 항공로비행고도로부터 강하를 시작하는 지점.
- **VERIFY** : 정보에 대한 확인을 요구할 때 사용하는 용어.
- **VERIFY SPECIFIC DIRECTION OF TAKEOFF** (OR TURNS AFTER TAKEOFF) : 항공기의 이륙방향, 또는 이륙 후의 선회방향 등을 확인하기 위하여 사용하는 용어. 주로 관제탑이 운용되지 않는 비행장에서 사용.
- **WILCO** : 당신의 메시지를 알아들었으며 그대로 따르겠다. 잘 알았다 (will comply의 축약형).
- **WORDS TWICE** :

    (a) 요청시 : 통신내용이 어려우니 모든 낱말이나 구를 두 번 반복해 달라.

    (b) 정보제공시 : 통신내용이 어려우니 이 메시지의 단어나 구를 두 번 보낼 것이다.

2. 국제민간항공협약 원문 : ANNEX10. Vol2.

5.2.1.3 Word spelling in radiotelephony.

When proper names, service abbreviations and words of which the spelling is doubtful are spelled out in radiotelephony the alphabet in Figure 5-1 shall be used.

Figure 5-1. The Radiotelephony Spelling Alphabet

Letter	Word	Approximate pronunciation
A	Alfa	*AL* FAH
B	Bravo	*BRAH* VOH
C	Charlie	*CHAR* LEE
D	Delta	*DELL* TAH
E	Echo	*ECK* OH
F	Foxtrot	*FOKS* TROT
G	Golf	*GOLF*
H	Hotel	HOH *TELL*
I	India	*IN* DEE AH
J	Juliett	*JEW* LEE *ETT*
K	Kilo	*KEY* LOH
L	Lima	*LEE* MAH
M	Mike	*M*IKE
N	November	NO *VEM* BER
O	Oscar	*OSS* CAH
P	Papa	PAH *PAH*
Q	Quebec	KEH *BECK*
R	Romeo	*ROW* ME OH
S	Sierra	SEE *AIR* RAH
T	Tango	*TANG* GO
U	Uniform	*YOU NEE* FORM
V	Victor	*VIK* TAH
W	Whiskey	*WISS* KEY
X	X-ray	*ECKS* RAY
Y	Yankee	*YANG* KEY
Z	Zulu	*ZOO* LOO

5.2.1.4 Transmission of numbers in radiotelephony

5.2.1.4.1 Transmission of numbers

5.2.1.4.1.1 All numbers, except as prescribed in 5.2.1.4.1.2, shall be transmitted by pronouncing each digit separately.

aircraft call signs	*transmitted as*
CCA 238	Air China two three eight
OAL 242	Olympic two four two
flight levels	*transmitted as*
FL 180	flight level one eight zero
FL 200	flight level two zero zero
headings	*transmitted as*
100 degrees	heading one zero zero
080 degrees	heading zero eight zero
wind direction and speed	*transmitted as*
200 degrees 70 knots	wind two zero zero degrees seven zero knots
160 degrees 18 knots gusting 30 knots	wind one six zero degrees one eight knots gusting three zero knots
transponder codes	*transmitted as*
2 400	squawk two four zero zero
4 203	squawk four two zero three
runway	*transmitted as*
27	runway two seven
30	runway three zero
altimeter setting	*transmitted as*
1 010	QNH one zero one zero
1 000	QNH one zero zero zer

5.2.1.4.1.2 All numbers used in the transmission of altitude, cloud height, visibility and runway visual range (RVR) information, which contain whole hundreds and whole thousands, shall be transmitted by pronouncing each digit in the number of hundreds or thousands followed by the word HUNDRED or THOUSAND as appropriate. Combinations of thousands and whole hundreds shall be transmitted by pronouncing each digit in the number of thousands followed by the word THOUSAND followed by the number of hundreds followed by the word HUNDRED.

altitude	transmitted as
800	eight hundred
3 400	three thousand four hundred
12 000	one two thousand
cloud height	transmitted as
2 200	two thousand two hundred
4 300	four thousand three hundred
visibility	transmitted as
1 000	visibility one thousand
700	visibility seven hundred
runway visual range	transmitted as
600	RVR six hundred
1 700	RVR one thousand seven hundred

5.2.1.4.1.3 Numbers containing a decimal point shall be transmitted as prescribed in 5.2.1.4.1.1 with the decimal point in appropriate sequence being indicated by the word DECIMAL.

Number	Transmitted as
100.3	ONE ZERO ZERO DECIMAL THREE
38 143.9	THREE EIGHT ONE FOUR THREE DECIMAL NINE

5.2.1.4.1.4 PANS.— When transmitting time, only the minutes of the hour should normally be required. Each digit should be pronounced separately. However, the hour should be included when any possibility of confusion is likely to result.

Time	Statement
0920 (9:20 A.M.)	TOO ZE-RO or ZE-RO NIN-er TOO ZE-RO
1643 (4:43 P.M.)	FOW-er TREE or WUN SIX FOW-er TREE

5.2.1.4.3 Pronunciation of numbers

5.2.1.4.3.1 When the language used for communication is English, numbers shall be transmitted using the following pronunciation:

Numeral or numeral element	Pronunciation
0	ZE-RO
1	WUN
2	TOO
3	TREE
4	FOW-er
5	FIFE
6	SIX
7	SEV-en
8	AIT
9	NIN-er
Decimal	DAY-SEE-MAL
Hundred	HUN-dred
Thousand	TOU-SAND

5.2.1.5 Transmitting technique

5.2.1.5.8 The following words and phrases shall be used in radiotelephony communications as appropriate and shall have the meaning ascribed hereunder:

Phrase	Meaning
ACKNOWLEDGE	"Let me know that you have received and understood this message."
AFFIRM	"Yes."
APPROVED	"Permission for proposed action granted."
BREAK	"I hereby indicate the separation between portions of the message." (To be used where there is no clear distinction between the text and other portions of the message.)
BREAK BREAK	"I hereby indicate the separation between messages transmitted to different aircraft in a very busy environment."
CANCEL	"Annul the previously transmitted clearance."
CHECK	"Examine a system or procedure." (Not to be used in any other context. No answer is normally expected.)
CLEARED	"Authorized to proceed under the conditions specified."

Phrase	Meaning
CONFIRM	"I request verification of: (clearance, instruction, action, information)."
CONTACT	"Establish communications with..."
CORRECT	"True" or "Accurate".
CORRECTION	"An error has been made in this transmission (or message indicated). The correct version is..."
DISREGARD	"Ignore."
HOW DO YOU READ	"What is the readability of my transmission?"
I SAY AGAIN	"I repeat for clarity or emphasis."
MAINTAIN	"Continue in accordance with the condition(s) specified" or in its literal sense, e.g. "Maintain VFR".
MONITOR	"Listen out on (frequency)."
NEGATIVE	"No" or "Permission not granted" or "That is not correct" or "Not capable".
OVER	"My transmission is ended, and I expect a response from you."
OUT	"This exchange of transmissions is ended and no response is expected."
READ BACK	"Repeat all, or the specified part, of this message back to me exactly as received."
RECLEARED	"A change has been made to your last clearance and this new clearance supersedes your previous clearance or part thereof."
REPORT	"Pass me the following information..."
REQUEST	"I should like to know..." or "I wish to obtain..."
ROGER	"I have received all of your last transmission."
SAY AGAIN	"Repeat all, or the following part, of your last transmission."
SPEAK SLOWER	"Reduce your rate of speech."
STANDBY	"Wait and I will call you." Note.— The caller would normally re-establish contact if the delay is lengthy. STANDBY is not an approval or denial.
UNABLE	"I cannot comply with your request, instruction, or clearance."
WILCO	(Abbreviation for "will comply".) "I understand your message and will comply with it."
WORDS TWICE	a) As a request: "Communication is difficult. Please send every word, or group of words, twice." b) As information: "Since communicattion is difficult, every word, or group of words, in this message will be sent twice."

3. 기출문제

가. 22년 1차

54. 항공통신의 송신내용 끝에 송신하는 용어로서 "My transmission is ended, and I expect a response from you."의 뜻에 맞는 것은? (22년 1차)

① Out
❷ Over
③ End
④ Completed

57. 다음 설명은 어떤 용어에 대한 의미인가? (22년 1차)

Let me know that you have received and understood this message.

① Confirm
❷ Acknowlege
③ Understand
④ Check

59. "우리는 지금 인천으로 접근하고 있는 중이다."를 바르게 송신한 것은? (22년 1차)

① We are come to Incheon.
② We are approached Incheon.
③ We are reached Incheon.
❹ We are approaching Incheon.

60. 다음의 문장이 의미하는 용어는? (22년 1차)

Used by ATC when prompt compliance is required to avoid the development of an imminent situation

① Hurry
② Speedy
❸ Expedite
④ Swift

> ※ **IMMEDIATELY와 EXPEDITE 차이점**
>
> **항공교통관제절차 2-1-5 긴급 이행(Expeditious Compliance)**
>
> 가. "Immediately"라는 용어는 긴박한 상황의 회피가 필요하며 신속한 이행이 요구되는 경우에만 사용한다.
> 나. "Expedite"라는 용어는 긴박한 상황으로 진전됨을 회피하기 위하여 즉각 이행이 요구되는 경우에만 사용한다.
>
> - **IMMEDIATELY** : Used by ATC or pilots when such action compliance is required to avoid an imminent situation.
> - **EXPEDITE** : Used by ATC when prompt compliance is required to avoid the development of an imminent situation.

62. ATC 항공통신의 송신내용 중 "Request a pilot to suspend electronic countermeasure activity"를 뜻하는 용어는 (22년 1차)
    - ❶ Stop Stream
    - ② Step Taxi
    - ③ Stop Squawk
    - ④ Stand By

63. The communication word technically meaning "I have received all of your last transmission" is; (22년 1차)
    - ❶ ROGER
    - ② AFFIRMATIVE
    - ③ YES
    - ④ CORRECT

64. 관제사로부터 "Traffic, three o'clock one zero miles, southbound, slow moving"이라는 정보를 받았다면 당신을 기준으로 그 비행체의 위치는 (22년 1차)
    - ① 왼쪽으로 10마일
    - ② 바로 왼쪽
    - ❸ 오른쪽으로 10마일
    - ④ 바로 오른쪽

65. The correct word of "Words twice" is: (22년 1차)
   ① Say againg.
   ❷ Please say every word twice.
   ③ That is not correct.
   ④ My transmission is ended and I say again.

67. 다음 항공통신용어 중 조종사에게 착륙을 포기하고 다시 비행으로 전환하라는 뜻을 가지는 용어는? (22년 1차)
   ① Give Way
   ② Low Approach
   ③ Give up Landing
   ❹ Go Around

나. 21년 4차

53. 다음 문장은 어떤 용어에 대한 설명인가? (21년 4차)

   > I hereby indicate the separation between portions of the message. (To be used where there is no clear distinction between the text and other portions of the message).

   ① Stand by
   ② Monitor
   ③ Cancel
   ❹ Break

54. "귀 국의 명칭은 무엇입니까"의 가장 적절한 영문표현은? (21년 4차)
   ① How is your station?
   ② What is your station?
   ③ What is the identification code of your station?
   ❹ What is the name of your station?

59. What is a definition of "OVER" in aviation radio phrase? (21년 4차)
   ① My transmission is ended.
   ❷ My transmission is ended and I expect a reponse from you.
   ③ Let me know that you have received and understand this message.
   ④ This conversation is ended and no response is expected.

61. 다음 문장의 밑줄 친 부분의 뜻에 맞게 설명한 것은? (21년 4차)

   Roger, you are number 2 take-off, hold your position, over.

   ① 너는 이륙할 수 없다.
   ② 이륙을 두 번 인가한다.
   ③ 이륙을 인가한다.
   ❹ 너의 이륙은 두 번째 이다.

62. ATC 항공통신의 송신내용 중 "Request a pilot to suspend electronic countermeasure activity"를 뜻하는 용어는? (21년 4차)
   ❶ Stop Stream
   ② Step Taxi
   ③ Stop Squawk
   ④ Stand By

63. 항공통신의 송신내용 중에 "I READ BACK" 이란 용어의 뜻은? (21년 4차)
   ① Wait and I will call you
   ② Annual the previously transmitted clearance
   ③ Permission for proposed action granted
   ❹ Repeat my message back to me

64. The correct word of "Words twice" is : (21년 4차)
   ① Say again.
   ❷ Please say every word twice.
   ③ That is not correct.
   ④ My transmission is ended and I say again.

66. 다음 문장의 음성 전송에서 괄호 안에 들어갈 단어의 발음으로 적절한 것은? (21년 4차)

WE HAVE ( ) HOURS OF FUEL REMAINING.

① 2.5
❷ TOO POINT FIFE
③ TWO POINT FIVE
④ TWO DECIMAL FIVE

68. 다음은 어떤 용어에 대한 설명인가? (21년 4차)

To terminate a preplanned aircraft maneuver.

① CANCEL
② COMPLETE
❸ ABORT
④ CLEARED

70. 다음 항공통신용어 중 조종사에게 착륙을 포기하고 다시 비행으로 전환하라는 뜻을 가지는 용어는? (21년 4차)

① Give Way
② Low Approach
③ Give up Landing
❹ Go Around

다. 21년 1차

52. 다음 문장에서 설명하는 항공용어는 무엇인가? (21년 1차)

I have received your message, understand it, and will comply with it.

① Roger
② Roger out
❸ Wilco
④ Will do

53. 다음 문장에 해당하는 통신 용어는? (21년 1차)

The conversation is ended and no response is expected.

① OVER
❷ OUT
③ DISREGARD
④ HAND OFF

54. 다음 중 "I SAY AGAIN."에 관한 설명으로 적합한 것은? (21년 1차)

① That is correct.
② A chance has been made to your last clearance.
③ Wait and I will call you.
❹ Repeat all of your last transmission.

56. 다음 문장의 괄호 안에 가장 적합한 것은? (21년 1차)

ATC authorization for an aircraft to depart is (   ).

① cleared to land
❷ cleared for take off
③ cleared for the option
④ cleared for low approach

62. 시간정보의 송수신 발음으로 옳지 않은 것은? (21년 1차)

① 08:16 : ONE SIX, WUN SIX
② 20:57 : FIVE SEVEN, FIFE SEV-EN
❸ 02:50 : ZERO TWO FIVE ZERO, OU TOO FIFE OU
④ 13:00 : ONE THREE ZERO ZERO, WUN TREE ZE-RO ZE-RO

63. "Radio Check"를 할 때 나의 송신에 대한 상대국의 수신상태를 물어보는 말로 쓰이는 것은? (21년 1차)

① Report your receiving condition.
② Advise me your receiving condition.
❸ How do you hear me?
④ How are you listening?

64. 항공통신용어 중 조종사에게 현재 사용 중인 주파수를 계속 유지할 것을 요구할 때 사용되는 용어는? (21년 1차)
① Hold this frequency
② Keep different frequency
❸ Remain this frequency
④ Do not change this frequency

65. 항공통신의 송신내용 끝에 사용하는 용어로서 "교신은 끝났고 응답을 기대하지 않음"의 뜻을 갖는 것은? (21년 1차)
❶ Out
② Over
③ End
④ Completed

67. 조종사가 출항을 위한 모든 점검과 이륙을 위한 활주로 진입준비가 완료되었음을 의미할 때 사용하는 항공통신용어는? (21년 1차)
① Ready for taxi
② Ready for take off
③ Cleared for take off
❹ Ready for departure

> ※ 국제민간항공협약 Doc 4444 (PANS-ATM)
>
> 7.9.3 Take-off clearance
> 7.9.3.3 The expression TAKE-OFF shall only be used in radiotelephony when an aircraft is cleared for take-off or canceling a take-off clearance.
>
> 12.3.4.10 PREPARATION FOR TAKE-OFF
>   b) REPORT WHEN READY [FOR DEPARTURE];
>   c) ARE YOU READY [FOR DEPARTURE]?;
>
> 12.3.4.11 TAKE-OFF CLEARANCE
>   a) (traffic information) RUNWAY (number) CLEARED FOR TAKE-OFF;
>
> ※ 미연방항공청 AIM
>
> 4-3-1. DEPARTURE TERMINOLOGY
> Avoid using the term "takeoff" except to actually clear an aircraft for takeoff or to cancel a takeoff clearance. Use such terms as "depart," "departure," or "fly" in clearances when necessary.

70. 항공통신용어 중 "현재의 고도를 떠나 지정된 고도로 강하하여 유지하라"를 관제사가 지시할 때 사용되는 것은? (21년 1차)
① At or above
② Expedite descend
③ Change and Hold
❹ Descend and Maintain

라. 20년 4차

55. 다음 중 항공통신에 사용하는 숫자의 표현으로 적절하지 않은 것은? (20년 4차)

❶ Aircraft call sign, CCA 211 : Air China two eleven

② Heading, 100 degrees : heading one zero zero

③ Runway, 15 : runway one five

④ Altimeter setting, 1013 : QNH one zero one three

57. 다음 문장의 밑줄 친 부분의 알맞은 것은? (20년 4차)

ATC authorization for an aircraft to land is (   ).

❶ Cleared to land

② Cleared for take off

③ Cleared for the option

④ Cleared for low approach

58. What is a definition of "ROGER"in aviation radio phrase? (20년 4차)

❶ I have received all of your last transmission.

② My transmission is ended and I expect a response from you.

③ Let me know that you have received and understand this message.

④ This conversation is ended and no response is expected.

60. 다음 문장의 괄호 안에 들어갈 적합한 것은? (20년 4차)

The ATC phraseology meaning I have received your message, understand it, and will comply with it."is (   ).

① Over

② Roger out

❸ Wilco

④ Will do

62. 다음 문장의 의미로 쓰이는 항공통신용어는 무엇인가? (20년 4차)

Let me know that you have received and understood this message.

① Roger
❷ Acknowledge
③ Wilco
④ Affirmative

63. The communication word technically meaning "I have received all of your last transmission" is: (20년 4차)
❶ ROGER
② AFFIRMATIVE
③ YES
④ CORRECT

64. "귀국은 어디에서 어디로 가고 있습니까"의 적합한 영문표현은? (20년 4차)
❶ Where are you bound for and where are you from?
② Where are you going and where are you coming?
③ Where do you go and where did you come?
④ Where do you going and where is your destination?

65. 관제사로부터 "Traffic, three o'clock one zero miles, southbound, slow moving" 이라는 정보를 받았다면 당신을 기준으로 그 비행체의 위치는? (20년 4차)
① 왼쪽10마일
② 바로 왼쪽
❸ 오른쪽10마일
④ 바로 오른쪽

70. 항공통신용어 중 관제사가 '주파수 변경을 허가한다'를 지시할 때 사용하는 용어로 알맞은 것은? (20년 4차)
① FREQUENCY UNUSABLE
② REMAIN THIS FREQUENCY
③ CHANGE TO MY FREQUENCY
❹ FREQUENCY CHANGE APPROVED

마. 19년 4차

54. 다음 문장이 의미하는 용어로 적합한 것은? (19년 4차)

Have I correctly received the message or did you correctly receive this message?

① ACKNOWLEDGE
② APPRISE
❸ CONFIRM
④ GO AHEAD

56. 다음 문장은 어떤 용어에 대한 설명인가? (19년 4차)

I hereby indicate the separation between portions of the message. (To be used where there is no clear distinction between the text and other portions of the message).

① Stand by
② Monitor
③ Cancel
❹ Break

57. 조난 중인 항공기를 관제하는 기관에서 기타 무선국의 무선침묵을 지시할 때 사용되는 표현으로 가장 적절한 내용은? (19년 4차)

❶ Stop transmitting
② Break Break
③ Keep Silence
④ Stand By

59. 다음 문장의 의미로 쓰이는 항공통신용어는 무엇인가? (19년 4차)

Let me know that you have received and understood this message.

① Roger
❷ Acknowledge
③ Wilco
④ Affirmative

60. "귀 국은 어디에서 어디로 가고 있습니까?"의 적합한 영문 표현은? (19년 4차)
❶ Where are you bound for and where are you from?
② Where are you going and where are you coming?
③ Where do you go and where did you come?
④ where do you going and where is your destination?

62. 항공통신용어 중 조종사에게 현재 사용 중인 주파수를 계속 유지할 것을 요구할 때 사용되는 용어는? (19년 4차)
① Hold this frequency
② Keep different frequency
❸ Remain this frequency
④ Do not change this frequency

63. The communication word technically meaning "I have received all of your last transmission" is ; (19년 4차)
❶ ROGER
② AFFIRMATIVE
③ YES
④ CORRECT

64. 관제사로부터 "Traffic, three o'clock one zero miles, southbound, show moving" 이라는 정보를 받았다면 당신을 기준으로 그 비행체의 위치는? (19년 4차)
① 왼쪽 10마일
② 바로 왼쪽
❸ 오른쪽 10마일
④ 바로 오른쪽

66. 항공통신용어 중 '현재의 고도를 떠나 지정된 고도로 강하하여 유지하라'를 관제사가 지시할 때 사용되는 것은? (19년 4차)
① At or above
② Expedite descend
③ Change and Hold
❹ Descend and Maintain

바. 18년 4차

51. 항공무선 교신에서 나의 송신에 대한 상대국의 수신 상태를 알려고 질문하는 용어는? (18년 4차)
   ① Adivice me the receiving level.
   ② Report your receiving condition.
   ③ What is your listening status?
   ❹ How do you read me?

54. 항공무선통신에서 숫자를 나타내는 표현으로 적합하지 않은 것은? (18년 4차)
   ① Numbers are used in almost every radio call
   ❷ "10" should be pronounced "ten"
   ③ "11,000" is pronounced "one one thousand"
   ④ All numbers are spoken by pronouncing each digit separately except for whole hundreds and thousands

56. When an error has been made in transmission, which word should be spoken? (18년 4차)
   ① Clear
   ❷ Correction
   ③ Advice
   ④ Say Again

58. 항공통신의 송신내용 중에 'I READ BACK' 이란 용어의 뜻은? (18년 4차)
   ① Wait and I will call you
   ② Annual the previously transmitted clearance
   ③ Permission for proposed action granted
   ❹ Repeat my message back to me

59. 다음 문장은 어떤 용어에 대한 설명인가? (18년 4차)

   ATC authorization for an aircraft to land, it is predicted on known traffic and known physical airport conditions.

   ① Cleared For Take-off
   ② Circle To Runway
   ❸ Cleared To Land
   ④ Cleared To TAXI

62. What is a definition of "OVER" in aviation radio phrase? (18년 4차)
   ① My transmission is ended.
   ❷ My transmission is ended and I expect a response from you.
   ③ Let me know that you have received and understand this message.
   ④ This conversation is ended and no response is expected.

63. 항공통신의 송신내용 끝에 사용하는 용어로서 "교신은 끝났고 응답을 기대하지 않음"의 뜻을 갖는 것은? (18년 4차)
   ❶ Out
   ② Over
   ③ End
   ④ Completed

64. 다음 중 "ROGER"의 의미에 대한 설명으로 맞는 것은? (18년 4차)
   ❶ I've received all of your transmission.
   ② Can be used to answer a question requiring yes or no?
   ③ Ready to take off.
   ④ Ready to touchdown.

66. How can you read 4,500 feet in ATC? (18년 4차)
   ① "FOUR FIVE ZERO"
   ② "FOUR POINT FIVE"
   ③ "FOUR - FIVE HUNDRED"
   ❹ "FOUR THOUSAND FIVE HUNDRED"

사. 18년 1차

55. 다음은 어떤 용어에 대한 설명인가? (18년 1차)

Proceed with your message.

① Approved
② Contact
❸ Go Ahead
④ Say Again

58. 항공통신용어 "Affirmative"가 뜻하는 것과 가장 가까운 표현은? (18년 1차)

❶ Yes
② No
③ I am right
④ Roger

60. 다음 문장의 의미로 쓰이는 항공통신용어는 무엇인가? (18년 1차)

Let me know that you have received and understand this message.

① Roger
❷ Acknowledge
③ Wilco
④ Affirmative

61. What is a definition of "ROGER" in aviation radio phrase? (18년 1차)

❶ I have received all of your last transmission.
② My transmission is ended and I expect a response from you.
③ Let me know that you have received and understand this message.
④ This conversation is ended and no response is expected.

67. 항공통신 용어 중 관제사가 "주파수 변경을 허가 한다"를 지시할 때 사용하는 용어로 알맞은 것은? (18년 1차)

① FREQUENCY UNUSABLE
② REMAIN THIS FREQUENCY
③ CHANGE TO BY FREQUENCY
❹ FREQUENCY CHANGE APPROVED

아. 17년 1차

51. 다음 중 VHF 통신에 있어서 채널의 간격이 8.33[kHz]일 경우 주파수의 통신방법으로 가장 적절한 것은? (17년 1차)

❶ 118.025 - one one eight decimal zero two five
② 118.010 - one one eight decimal zero one
③ 118.020 - one one eight point zero two
④ 118.010 - one one eight point zero one

56. 다음 괄호 안에 알맞은 것은? (17년 1차)

Did you hear me (　　) 7,035 kHz?

① in
② as
❸ on
④ by

58. "귀하는 D8AA로부터의 조난신호를 수신하였습니까?"의 가장 적절한 표현은? (17년 1차)

① Do you have any information about D9AA?
② Have you received the urgency signal sent by D8AA?
③ Have you had any information about D8AA?
❹ Have you received the distress signal sent by D8AA?

59. What dose aviation radio phrase "WILCO" mean? (17년 1차)

① I have received your message.
② I understand your transmission.
❸ I have received your message, understand it, and will comply with it
④ My transmission is ended.

60. What is a definition of "OVER" in aviation radio phrase? (17년 1차)

① My transmission is ended.
❷ My transmission is ended and I expect a response from you.
③ Let me know that you have received and understand this message.
④ This conversation is ended and no response is expected.

62. 항공통신용어 "Affirmative"가 뜻하는 것과 가장 가까운 표현은? (17년 1차)
   ❶ Yes
   ② No
   ③ I am right
   ④ Roger

65. "귀 국은 어디에서 어디로 가고 있습니까?"의 적합한 영문표현은? (17년 1차)
   ❶ Where are you bound for and where are you from?
   ② Where are you going and where are you coming?
   ③ Where do you go and where did you come?
   ④ Where do you going and whre is your destination?

66. 시간정보의 송수신 발음으로 옳지 않은 것은? (17년 1차)
   ① 08:16 : ONE SIX, WUN SIX
   ② 20:57 : FIVE SEVEND, FIFE TREE
   ❸ 02:50 : ZERO TWO FIVE ZERO, OU TOO FIFE OU
   ④ 13:00 : ONE THREE ZEOR ZERO, WUN TREE ZE-RO ZE-RO

67. 조종사가 출항을 위한 모든 점검과 이륙을 위한 활주로 진입준비가 완료되었음을 의미할 때 사용하는 항공통신용어는? (17년 1차)
   ① Ready for taxi
   ② Ready for take off
   ③ Cleared for take off
   ❹ Ready for departure

> ※ 국제민간항공협약 Doc 4444 (PANS-ATM)
>
> 7.9.3 Take-off clearance
> 7.9.3.3 The expression TAKE-OFF shall only be used in radiotelephony when an aircraft is cleared for take-off or canceling a take-off clearance.
>
> 12.3.4.10 PREPARATION FOR TAKE-OFF
>   b) REPORT WHEN READY [FOR DEPARTURE];
>   c) ARE YOU READY [FOR DEPARTURE]?;
>
> 12.3.4.11 TAKE-OFF CLEARANCE
>   a) (traffic information) RUNWAY (number) CLEARED FOR TAKE-OFF;
>
> ※ 미연방항공청 AIM
>
> 4-3-1. DEPARTURE TERMINOLOGY
> Avoid using the term "takeoff" except to actually clear an aircraft for takeoff or to cancel a takeoff clearance. Use such terms as "depart," "departure," or "fly" in clearances when necessary.

자. 16년 1차

58. 다음 문장이 의미하는 용어로 적합한 것은? (16년 1차)

> Have I correctly received the message or did you correctly receive this message?

① ACKNOWLEDGE
② APPRISE
❸ CONFIRM
④ GO AHEAD

60. "Check and confirm with originator"이 의미하는 단어로 적합한 것은? (16년 1차)

① SAY AGAIN
② CLEARED
❸ VERIFY
④ READY

63. 다음 중 "속도를 음속 0.7로 증속하라."를 항공통신에서 바르게 송신한 것은? (16년 1차)
   ① Increase speed until mach zero point seven.
   ② Increase speed in mach zero point seven.
   ③ Increase speed at mach point seven.
   ❹ Increase speed to mach point seven.

64. "Cleared for take-off"를 맞게 설명한 것은? (16년 1차)
   ① 이륙준비 완료
   ② 이륙을 불허함
   ❸ 이륙을 인가함
   ④ 이륙을 취소함

차. 15년 4차

51. 다음 중 관제기관과 해당 관제기관 호출부호에 사용하는 접미사가 적절히 연결된 것은? (15년 4차)
   ① Area Control Center – Center
   ② Approach Control – Control
   ③ Aeronautical Station – Radar
   ❹ Company Dispatch – Dispatch

54. 조난 중인 항공기를 관제하는 기관에서 기타 무선국의 무선침묵을 지시할 때 사용되는 표현으로 가장 적절한 것은? (15년 4차)
   ❶ Stop Transmitting
   ② Break Break
   ③ Keep Silence
   ④ Stand By

55. 항공무선 통신에서 고도계 수정치 '29.92'를 송신할 때 맞는 것은? (15년 4차)
   ① Two nine point nine two
   ❷ Two niner niner two
   ③ Twenty nine decimal ninety two
   ④ Twenty nine ninety two

> ※ 국제민간항공협정 ANNEX 10. Vol 2.
>
> 5.2.1.4 Transmission of numbers in radiotelephony
>
> 5.2.1.4.1 Transmission of numbers
>
> 5.2.1.4.1.1 All numbers, except as prescribed in 5.2.1.4.1.2, shall be transmitted by pronouncing each digit separately.
>
> | altimeter setting | transmitted as |
> |---|---|
> | 1 010 | QNH one zero one zero |
> | 1 000 | QNH one zero zero zer |
>
> ※ 항공교통관제절차
>
> 2-4-17 숫자 사용법(Numbers Usage)
> 숫자는 다음과 같이 읽는다 :
>
> 바. 고도계수정치 - "Altimeter" 또는 "QNH"란 말 다음에 고도계수정치를 분리된 숫자로 읽는다.
>
> | 예 | 수 정 치 | 읽 기 |
> |---|---|---|
> | | 30.01 | "Altimeter, three zero zero one." |
> | | 1013 | "QNH, one zero one three." |

59. 특정 지시나 허가, 요청을 따를 수 없을 때 사용하는 항공관제 용어는? (15년 4차)

① WHEN ABLE

❷ UNABLE

③ NEGATIVE

④ NEGATIVE CONTACT

60. 항공무선 교신에서 "나의 송신에 대한 상대국의 수신 상태를 파악"하기 위해 질문하는 용어는? (15년 4차)

① Advise me your receiving level.

② Report your receiving condition.

③ What is your listening status?

❹ How do you read me?

61. 항공통신용어 중 "현재 사용하고 있는 주파수를 유지할 것"을 요구할 때 사용되는 것은? (15년 4차)
❶ Remain this frequency
② Keep this frequence
③ Hold this frequency
④ Do not leave this frequency

62. 다음은 어떤 용어에 대한 설명인가? (15년 4차)

Proceed with your message.

① Approved
② Contact
❸ Go Ahead
④ Say Again

63. What is a definition of "ROGER" in aviation radio phrase? (15년 4차)
❶ I have received all of your last transmission.
② My transmission is ended and I expect a response from you.
③ Let me know that you have received and understand this message.
④ This conversation is ended and no response is expected.

카. 15년 1차

56. 관제사가 항공교통 관제상 위험한 상황을 피하기 위해 조종사에게 급한 항공기 기동을 요구할 때 주로 쓰이는 말은? (15년 1차)
① At once
② Very soon
③ Right now
❹ Immediately

57. 다음 설명은 어떤 용어에 대한 의미인가? (15년 1차)

Let me know that you have received and understand this message.

① Confirm
❷ Acknowledge
③ Understand
④ Check

59. 송신 중에 쓰이는 말로 "The message will be repeated."와 같은 내용의 용어로 무엇인가? (15년 1차)
① Speak again
❷ I say again
③ Repeat last transmission
④ Request last transmission again

66. 다음 괄호 안에 가장 적합한 것은? (15년 1차)

Ladies and gentleman, we are waiting (　) clearance from the Air Traffic Tower.

❶ for
② to
③ from
④ in

62. 다음 괄호 안에 알맞은 것은? (15년 1차)

Did you hear me (　) 7,035 kHz?

① in
② as
❸ on
④ by

63. 항공통신 교신 중에 조종사 또는 관제사가 수초 동안 기다릴 것을 요구할 때 또는 "ATC clearance"가 곧 나간다는 것을 알릴 때 사용되는 용어는? (15년 1차)
① Wait seconds
❷ Stand by
③ Wait
④ Wait a moment

Ⅲ 국제 규정

1. ICAO 규정

가. 22년 1차

52. ICAO 규정에서 정의한 다음의 용어는 무엇을 나타내는가? (ANNEX 10) (22년 1차)

> An aeronautical telecommunication station having primary responsibility for handing communications pertaining to the operation and control of aircraft in a given area

① Air control radio station
② Ground control radio station
③ Land station
❹ Air-ground control radio station

55. 약어 "QDM"의 올바른 해석은 다음 중 무엇인가? (Doc 8400) (22년 1차)
❶ Magnetic Heading(zero wind)
② Atmospheric pressure at aerodrome elevation
③ Atmospheric pressure at mean sea level
④ Altimeter sub-scale setting

> ※ 국제민간항공협정 Doc 8400 (PANS-ABC)
>
> QDM : Magnetic Heading(zero wind)
> QDR : Magnetic Heading
> QFE : Atmospheric pressure at aerodrome elevation
> QNH : Altimeter sub-scale setting to obtain elevation when in the ground

69. 다음 문장의 뜻으로 알맞은 것은? (22년 1차)

Inspectors have the right to require the production of the operator's certificated, but proof of professional knowledge may not be demanded.

① 검사관은 통신사의 자격증 제시를 요구할 수 없으나 직무에 관한 전문지식의 입증을 요구할 수 있다.
❷ 검사관은 통신사의 자격증 제시를 요구할 수 있으나 직무에 관한 전문지식의 입증을 요구할 수 없다.
③ 검사관은 통신사의 자격증 제시를 요구하였지만 직무에 관한 전문지식을 입증할 수 없었다.
④ 검사관은 통신사의 자격증 제시를 요구하였고 직무에 관한 전문지식을 입증하였다.

나. 21년 4차

51. ICAO 규정에서 정의한 다음의 용어는 무엇을 나타내는가? (ANNEX 10) (21년 4차)

An aeronautical telecommunication station having primary responsibility for handing communications pertaining to the operation and control of aircraft in a given area.

① Air control radio station
② Ground control radio station
③ Land station
❹ Air-ground control radio station

58. 다음 문장의 괄호 안에 들어갈 가장 적당한 것은? (21년 4차)

Of all kinds of traffic, (　) is more important than the distress traffic.

① non
② none
③ nobody
❹ nothing

다. 21년 1차

51. 조난신호에 관한 ICAO 규정으로 옳지 않은 것은? (ANNEX 2) (21년 1차)

① A distress message sent via data link which transmits the intent of the word "MAYDAY".

② A radiotelephony distress signal consisting of the spoken word "MAYDAY"

❸ A parachute flare showing a green light.

④ A signal made by radiotelegraphy or by any other signaling method consisting of the group "SOS"

※ 국제민간항공협정 ANNEX 2. APPENDIX 1.

1.1 Distress signals
e) a parachute flare showing a red light.

---

55. 다음 문장은 어떤 용어에 대한 설명인가? (ANNEX 2) (21년 1차)

The pilot designated by the operator, or in the case of general aviation, the owner, as being in command and charged with the safe conduct of a light.

① Captain

❷ Pilot-in-command

③ Second-in-command

④ Copilot

57. 다음 밑줄 친 곳에 알맞은 것은? (ANNEX 6) (21년 1차)

"Approach Sequence" us the order (   ) two or more aircraft are cleared to approach to land at the aerodrome.

① about which

② what

③ that

❹ in which

58. 다음은 어떤 용어에 대한 설명인가? (ANNEX 10) (21년 1차)

> The vertical distance of a point or a level, on or affixed to the surface of the earth, measured from mean sea level.

❶ Elevation
② Altitude
③ Height
④ Flight Level

68. 다음 문장에서 설명하는 항공용어는 무엇인가? (ANNEX 2) (21년 1차)

> A set rules governing the conduct of flight under instrument meteorological conditions.

① Visual Flight Rules
❷ Instrument Flight Rules
③ Instrument Departure Procedure
④ Standard Insrument Departure

69. 다음 문장의 밑줄 친 부분에 알맞은 것은? (ANNEX 5) (21년 1차)

> Altitude in aviation is measured in (   ).

❶ Feet
② Miles
③ Inches
④ Kilometers

라. 20년 4차

51. 다음 문장의 괄호 안에 들어갈 수준에 해당하는 것은? (ANNEX 1) (20년 4차)

The language proficiency of aeroplane and helicopter pilots required to use the radiotelephone aboard an aircraft who demonstrate proficiency below the Expert Level ( ) shall be formally evaluated at intervals in accordance with an individual's demonstrated proficiency level.

① 3
② 4
③ 5
❹ 6

52. ICAO에서 정의한 다음의 용어는 무엇을 나타내는가? (ANNEX 11) (20년 4차)

A designated route along which air traffic advisory service is available.

① Advisory Airspace
② Advisory Traffic
③ Advisory Flight
❹ Advisory Route

54. "The urgency signal shall have priority over all other communications, except distress."의 올바른 해석은? (20년 4차)

① 긴급신호가 어느 신호보다 최우선한다.
② 긴급신호보다 안전신호가 우선한다.
❸ 긴급신호보다 조난신호가 우선한다.
④ 긴급신호와 조난신호의 우선순위는 같다.

마. 19년 4차

51. 다음 괄호 안에 들어갈 가장 적합한 것은? (19년 4차)

> Aircraft stations in flight maintain service to meet the essential communications needs of the aircraft with respect to (   ) of flight.

① safe and regularity
② safe and regular
③ safety and regular
❹ safety and regularity

55. 다음 문장의 밑줄 친 곳에 알맞은 것은? (19년 4차)

> A pilot who encounters a distress or urgency condition can obtain assistance simply (   ) the air traffic facility or other agency.

① on contacting
② on contacting with
❸ by contacting
④ by contacting to

70. 다음 중 AIR TRAFFIC SERVICE에 포함되지 않는 것은? (ANNEX 11) (19년 4차)

① Flight Information service
② Air Traffic Advisory service
③ Air Traffic Control service
❹ Flight Detection service

> ※ 국제민간항공협약 ANNEX 11
>
> - AIR TRAFFIC SERVICE : A generic term meaning variously, i) flight information service, ii) alerting service, iii) air traffic advisory service, iv) air traffic control service

바. 18년 4차

55. 다음 문장의 괄호 안에 해당되는 기간은? (18년 4차)

Those who demonstrating language proficiency at the Level 5 should be evaluated at least once every ( ).

① Three years
② Four years
③ Five years
❹ Six years

67. Who is most responsible for collision avoidance in an alert area? (18년 4차)

❶ All pilots
② Air Traffic Control
③ the controlling agency
④ Flight operations manager

사. 18년 1차

51. 조난신호에 관한 ICAO 규정으로 옳지 않은 것은? (18년 1차)

① A distress message sent via data link which transmits the intent of the word "MAYDAY"
② A radiotelephony distress signal consisting of the spoken word "MAYDAY"
❸ A parachute flare showing a green light
④ A signal made by radiotelegraphy or by any other signaling method consisting of the group "SOS"

52. 다음 문장의 괄호 안에 들어갈 수준에 해당하는 것은? (18년 1차)

The language proficiency of aeroplane and helicopter pilots required to use the radiotelephone aboard an aircraft who demonstrate proficiency below the Expert Level ( ) shall be formally evaluated at intervals in accordance with an individual's demonstrated proficiency level.

① 3
② 4
③ 5
❹ 6

53. 다음 중 ICAO규정에서 정의한 용어로 알맞은 것은? (18년 1차)

A form of radio communication primarily intended for the exchange of information in the form of speech.

① Radiotelegraph
② Radio station
❸ Radiotelephony
④ Radio frequency

56. 조난신호에 관한 ICAO 규정으로 괄호 안에 적합한 것은? (18년 1차)

A radiotelephony distress signal consisting of the spoken word ( ).

❶ MAYDAY
② HELP
③ URGENT
④ PAN PAN

57. 다음 문장의 괄호 안에 들어갈 알맞은 내용은? (ANNEX 2) (18년 1차)

In radar service, clearance to land or any alternative clearance received from the ( ) or when applicable, non-radar controller should normally be passed to the aircraft.

① Ground Controller
② Flight Controller
③ Radar Controller
❹ Aerodrome Controller

62. 다음 괄호 안에 들어갈 단어로 알맞은 것은? (ANNEX 10) (18년 1차)

When a radiotelephone call has been made to an aeronautical station but no answer has been received a period of at least (　　) should elapse before a subsequent call is made to that station.

① five seconds
❷ ten seconds
③ thirty seconds
④ one minute

69. 다음 문장의 밑줄 친 부분에 알맞은 단어는? (18년 1차)

International standards for Air Traffic Management are set by (　　).

① UN
❷ ICAO
③ IAEA
④ NOTAM

70. 다음 내용이 설명하는 항공용어는 무엇인가? (18년 1차)

An aerodrome to which an aircraft may proceed when it becomes impossible to land at the aerodrome of intended landing.

❶ Alternate aerodrome
② Supplement aerodrome
③ Amendment aerodrome
④ International aerodrome

아. 17년 1차

68. 다음 중 AIR TRAFFIC SERVICE에 포함되지 않는 것은? (17년 1차)
   ① Flight Information Service
   ② Air Traffic Advisory service
   ③ Air Traffic Control service
   ❹ Flight Detection Service

자. 16년 1차

51. Which one is not contained in the "Arrival reports"? (16년 1차)
   ① Aircraft identification
   ② Departure aerodrome
   ③ Time of arrival
   ❹ Fuel endurance

53. ICAO Doc4444에 수록 된 용어 중 고도의 단위를 틀리게 서술한 것은? (16년 1차)
   ① FLIGHT LEVEL
   ② FEET
   ③ METERS
   ❹ MILES

62. 121.5 MHz 또는 243.0 MHz로 항공교통관제기구에서 조난 항공기를 위하여 감청하는 주파수를 호칭하는 말은 무엇인가? (16년 1차)
   ① Monitor channel
   ❷ Search and rescue channel
   ③ Guard frequency
   ④ Standby frequency

차. 15년 4차

52. 다음 문장의 괄호 안에 들어갈 내용으로 맞지 않는 것은? (15년 4차)

Except for reasons of safety no transmission shall be directed to an aircraft during (   ).

❶ starting engine
② take-off
③ the last part of the final approach
④ the landing roll

카. 15년 1차

53. ICAO 규정에서 정의한 다음의 용어는 무엇을 나타내는가? (15년 1차)

An aeronautical telecommunication station having primary responsibility for handing communications pertaining to the operation and control of aircraft in a given area

① Air control radio station
② Ground control radio station
③ Land station
❹ Air-ground control radio station

54. 다음 문장의 괄호 안의 수준에 해당하는 것은? (15년 1차)

The language proficiency of aeroplane and helicopter pilots required to use the radiotelephone aboard an aircraft who demonstrate proficiency below the Expert Level (   ) shall be formally evaluated at intervals in accordance with an individual's demonstrated proficiency level.

① 3
② 4
③ 5
❹ 6

58. 다음 문장의 밑줄 친 부분에 알맞은 말은? (15년 1차)

The maximum number of hours of minutes that an aircraft can stay in the air is called ( ).

❶ Endurance
② Maximum duration
③ Longest flight duration
④ Maximum flight period

2. ITU-RR 규정

가. 22년 1차

51. "반송주파수 2,182[kHz]는 <u>무선전화용 국제조난주파수</u>이다."에서 밑줄 친 부분에 대한 영문표현으로 가장 적합한 것은? (22년 1차)

① An international distress frequency for radiotelegraphy
② An international emergency frequency for radiotelegraphy
③ An international emergency frequency for radiotelephony
❹ An international distress frequency for radiotelephony

53. 다음 문장의 괄호 안에 들어갈 알맞은 것은? (22년 1차)

( ) indicates that a ship or other vehicle is threatened by grave and imminent danger and request immediate assistance.

❶ Distress signal
② Emergency request
③ Transmission signal
④ Call sign

68. 다음 문장이 설명하는 무선국은? (22년 1차)

A land station in the aeronautical mobile service.

① Base station
② Aircraft station
③ Space station
❹ Aeronautical station

나. 21년 4차

55. 다음 문장의 괄호 안에 들어갈 알맞은 것은? (21년 4차)

When (   ) does not reply to a call sent three times at invervals of two minutes, the calling shall cease and shall not be renewed until after an interval of fifteen minutes.

① a station to call
❷ a station called
③ a station calling
④ a station to be calling

56. 다음 문장의 밑줄 친 부분에 들어갈 단어를 순서대로 나열한 것은? (21년 4차)

Urgency communications have priority over all other communications except (   ), and the word (   ) warns other stations not to interfere with urgency transmissions.

❶ distress, PAN PAN
② distress, MAYDAY
③ emergency, PAN PAN
④ emergency, MAYDAY

57. 다음 문장의 밑줄 친 부분에 알맞은 것은? (21년 4차)

Any radio frequency from 30[MHz] to 300[MHz] is defined as (   ).

① Low Frequency
② Medium Frequency
③ High Frequency
❹ Very High Frequency

다. 21년 1차

59. 다음 문장의 괄호 안에 들어갈 가장 알맞은 것은? (21년 1차)

The urgency signal has priority (　) all other communications except distress.

① in
② under
③ at
❹ over

66. 다음 문장이 설명하는 무선국은? (21년 1차)

A land station in the land mobile service.

① Space station
❷ Base station
③ Fixed
④ Aircraft staion

라. 20년 4차

66. 다음 문장의 괄호 안에 알맞은 것은? (20년 4차)

For the allocation of frequencies the world has been divided into (　) regions.

① One
② Two
❸ Three
④ Four

마. 19년 4차

52. 다음 중 문장의 괄호 안에 들어갈 가장 적합한 것은? (19년 4차)

All stations which hear the (   ) shall immediately cease any transmission capable of interfering with the distress traffic.

① service call
② emergency call
❸ distress call
④ stations call

53. 다음 문장의 괄호 안에 들어갈 가장 알맞은 것은? (19년 4차)

The urgency signal has priority (   ) all other communications except distress.

① in
② under
③ at
❹ over

58. 다음 문장이 의미하는 용어는? (19년 4차)

Radiodetermination using the reception of radio waves for the purpose of determining direction of a stations or object.

❶ Radio direction finding
② Radio bearing
③ Radiotelephony network
④ Radio direction-finding station

67. 전파규칙(RR)의 목적이 아닌 것은? (19년 4차)

① To ensure the availability and protection from harmful interference of the frequencies provided for distrss and safety purposes.
② To facilitate the efficient and effective operation of all radio communication services.
❸ To develop new technology of radio communication.
④ To assist in the prevention and resolution of cases of harmful interference between the radio services of different administrations.

바. 18년 4차

53. 다음 문장을 올바르게 해석한 것은? (18년 4차)

> Administrations are urged to discontinue, in the fixed service, the use of double sideband radiotelephone (class A3E) transmissions.

❶ 주관청은 고정업무에서 양측파대 무선전화의 전송중지가 촉구된다.
② 주관청은 고정업무에서 단측파대 무선전신의 전송을 중지한다.
③ 주관청은 고정업무에서 양측파대 무선전화의 전송이 장려된다.
④ 주관청은 고정업무에서 단측파대 무선전화의 전송이 장려된다.

57. 다음 문장의 밑줄 친 부분에 들어갈 단어를 순서대로 나열한 것은? (18년 4차)

> Urgency communications have priority over all other communications except (   ), and the word (   ) warns other stations not to interfere with urgency transmissions.

❶ distress, PAN PAN
② distress, MAYDAY
③ emergency, PAN PAN
④ emergency, MAYDAY

68. 다음 문장의 괄호 안에 알맞은 것은? (18년 4차)

> The radio spectrum shall be subdiveded into (   ) frequency bands.

① Three
② Six
❸ Nine
④ Ten

사. 17년 1차

52. 다음 괄호 안에 알맞은 것은? (17년 1차)

Before renewing the call, the calling station shall ascertain that the station called is not ( ) another station.

① in communication to
❷ in communication of
③ in communication with
④ in communication for

53. 다음 문장의 괄호 안에 들어갈 알맞은 것은? (17년 1차)

The international radiotelephony distress signal is ( ).

① "EMERGENCY"
② "DISTRESS"
❸ "MAYDAY"
④ "URGENT"

54. 다음 문장의 밑줄 친 it은 무엇을 의미하는가? (17년 1차)

When an aeronautical station receives calls form several aircraft stations at practically the same time, it decides the order in which these stations may transmit their traffic.

① an aircraft station
❷ an aeronautical station
③ an aircraft station or an aeronautical station
④ an airspace station

55. 다음 문장의 괄호 안에 들어갈 알맞은 것은? (17년 1차)

The distress call shall have ( ) priority over all other transmissions.

① to absolute
② absolutely
③ in absolute
❹ absolute

57. 다음 문장의 괄호 안에 들어갈 알맞은 것은? (17년 1차)

When (　) does not reply to a call sent three times at invervals of two minutes, the calling shall cease and shall not be renewed until after an interval of fifteen minutes.

① a station to call
❷ a station called
③ a station calling
④ a station to be calling

아. 16년 1차

52. 다음 괄호 속에 들어갈 가장 적합한 말을 고르시오. (16년 1차)

The distress call and message shall be sent only on the authority of the master or person (　) the ship, aircraft or other vehicle carrying the mobile station or ship earth station.

① responsible to
❷ responsible for
③ responsible on
④ responsible of

54. 다음 문장이 의미하는 용어는? (16년 1차)

Radiodetermination using the reception of radio waves for the purpose of determining direction of a stations or object.

❶ Radio direction finding
② Radion bearing
③ Radiotelephony network
④ Radio direction-finding station

55. 다음 문장의 괄호 안에 들어갈 알맞은 것은? (16년 1차)

The distress call shall have (　) priority over all other transmissions.

① to absolute
② absolutely
③ in absolute
❹ absolute

자. 15년 4차

53. 다음 괄호 안에 적절한 내용으로 짝지어진 것은? (15년 4차)

In addition to being preceded by the radiotelephony distress signal (　), preferably spoken (　) times.

① pan pan, two
② pan pan, three
③ mayday, two
❹ mayday, three

차. 15년 1차

51. 다음 괄호 안에 알맞은 것은? (15년 1차)

Before renewing the call, the calling station shall ascertain that the station called is not (　) another station.

① in communication to
② in communication of
❸ in communication with
④ in communication for

52. 다음 문장에서 나타내는 전파의 특성을 가장 적절히 설명한 것은? (15년 1차)

> The Propagation of radio waves, particularly at frequencies greater than 1[GHz], is significantly influenced by rain, as well as by sand and dust storms.

① 강우 뿐 아니라 모래와 먼지폭풍에 의하여 조금 영향을 받는다.
❷ 강우 뿐 아니라 모래와 먼지폭풍에 의하여 중대한 영향을 받는다.
③ 강우 뿐 아니라 모래와 먼지폭풍에 의하여 어떤 영향도 받지 않는다.
④ 강우 뿐 아니라 모래와 먼지폭풍에 의하여 때때로 영향을 받는다.

55. 다음의 괄호 안에 적합한 것은? (15년 1차)

> Any radio frequency between 3 and 30 MHz is defined as (   ).

❶ High Prequency
② Very High Prequency
③ Ultra High Prequency
④ Super High Prequency

Ⅳ 항공 기초 지식

1. 22년 1차

56. Which of the following is not true? (22년 1차)
❶ "TCAS" is an abbreviation for "Traffic Alert and Collision Advance System"
② "ACARS" is an abbreviation for "ARNIC communications addressing and reporting system"
③ "ILS" is an acronym for "Instrument Landing System"
④ "ATC" is an acronym for "Air Traffic Control"

> ※ "TCAS" is an abbreviation for "Traffic Alert and Collision Avoidance System"

58. 다음 중 용어의 기능이 가장 적합하게 설명된 것은? (22년 1차)
① "DME" providing only azimuth information.
② "TACAN" providing only distance information.
③ "DME" providing distance and azimuth information.
❹ "TACAN" providing distance and azimuth information.

> ※ 무선항행시설(Navaid) 제공정보
>
> NDB(Non Directional radio Beacon) : Bearing
> VOR(VHF Omni-directional Range) : Azimuth
> DME(Distance Measuring Equipment) : Distance
> TACAN(Tactical Air Navigation) : Azimuth, Distance

나. 21년 4차

52. 다음 문장의 밑줄 친 부분에 들어갈 내용으로 알맞은 것은? (21년 4차)

Altitude expressed in feet measured above ground level is abbreviated as ( ).

① MSL
② QNH
③ QFE
❹ AGL

※ 고도의 종류(Types of Altitude, 미연방항공청 PHAK 8-6면)

There are as many kinds of altitude as there are reference levels from which altitude is measured, and each may be used for specific reasons. Pilots are mainly concerned with five types of altitudes:

1. **Indicated altitude** (지시고도) — read directly from the altimeter (uncorrected) when it is set to the current altimeter setting.

2. **True altitude** (진고도) — the vertical distance of the aircraft above sea level—the actual altitude. It is often expressed as feet above **mean sea level (MSL)**. Airport, terrain, and obstacle elevations on aeronautical charts are true altitudes.

3. **Absolute altitude** (절대고도) — the vertical distance of an aircraft above the terrain, or **above ground level (AGL)**.

4. **Pressure altitude** (기압고도) — the altitude indicated when the altimeter setting window (barometric scale) is adjusted to 29.92 "Hg. This is the altitude above the standard datum plane, which is a theoretical plane where air pressure (corrected to 15 °C) equals 29.92 "Hg. Pressure altitude is used to compute density altitude, true altitude, true airspeed (TAS), and other performance data.

※ 국제민간항공협정 Doc 8400 (PANS-ABC)

QFE : Atmospheric pressure at aerodrome elevation
QNH : Altimeter sub-scale setting to obtain elevation when in the ground

67. 다음 문장의 밑줄 친 부분에 알맞은 것은? (21년 4차)

The runway orientation is made so that landing and take off are ( ).

① none of these
② along the wind direction
❸ against the wind direction
④ perpendicular to wind direction

69. 다음 문장의 밑줄 친 단어와 같은 의미를 가지는 것은? (21년 4차)

The air traffic controller announced the arrival of the flight.

❶ Landing
② Captain
③ Leaving
④ Number

다. 20년 4차

53. 다음 문장의 괄호 안에 들어갈 장비의 명칭으로 알맞은 것은? (20년 4차)

Aircraft on long over-water flights, or on flight over designated areas over which the carriage of an ( ) is required, shall continuously guard the VHF emergency frequency 121.5 [MHz].

① VOR
② SSR
❸ ELT
④ ADS-B

56. 다음 중 밑줄친 부분에 알맞은 것은? (20년 4차)

The number of degrees of roll around the longitudinal axis of the airplane is called ( ).

① Angle of attack
② Angle of incidence
❸ Angle of bank
④ Pitch angle

67. 다음 문장에서 설명하는 항공용어는 무엇인가? (20년 4차)

A ground-based electronic navigation aid transmitting very high frequency navigation signals, 360 degrees in azimuth, oriented from magnetic north.

① ASR
② TACAN
③ ILS
❹ VOR

68. Which part of an airplane can control its motion to the right and the left? (20년 4차)
① flap
❷ A rudder
③ An elevator
④ All of these

※ 항공기 조종면, 움직임, 회전축, 안정성 (미연방항공청 PHAK 3-3)

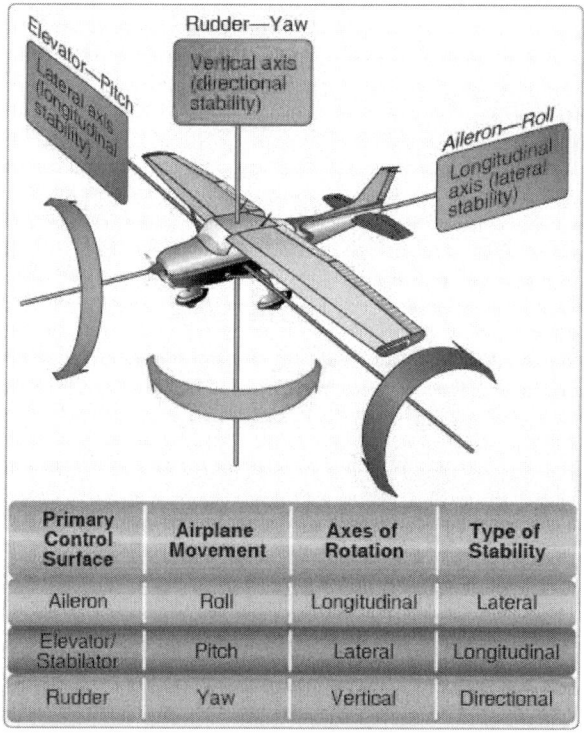

Primary Control Surface	Airplane Movement	Axes of Rotation	Type of Stability
Aileron	Roll	Longitudinal	Lateral
Elevator/Stabilator	Pitch	Lateral	Longitudinal
Rudder	Yaw	Vertical	Directional

69. 다음 내용이 설명하는 항공용어는 무엇인가? (20년 4차)

A level maintained during a significant portion of a flight.

① VFR level
❷ Cruise level
③ Maximum level
④ Vectoring level

라. 19년 4차

68. 다음 문장의 밑줄 친 부분에 알맞은 것은? (19년 4차)

Altitude in aviation is measured in (   )

❶ Feet
② Miles
③ Inches
④ Kilometers

69. Most aircraft are based on fixed wings. but which one of these would be rotary wing aircraft? (19년 4차)

① Glider
② Airship
③ Aeroplane
❹ Helicopter

마. 18년 4차

52. 다음 설명이 나타내는 용어는 무엇인가? (18년 4차)

> A surveillance technique in which aircraft automatically provide, via a data link, data derived from on-board navigation and position-fixing systems, including aircraft identification, four-dimensional position and additional data as appropriate.

❶ ADS
② ATIS
③ SSR
④ TIS

69. What is the meaning when a steady red light signal is directed from the control tower to someone in the landing area? (18년 4차)

❶ Stop
② Permission to cross landing area or to move onto taxiway
③ Vacate maneuvering area in accordance with local instructions
④ Move off the landing area or taxiway and watch out for aircraft

70. 다음 괄호 안에 들어갈 가장 적절한 것은 무엇인가? (18년 4차)

> When activated, an emergency locator transmitter(ELT) transmits on (   ).

① 118.0 and 118.8 MHz
❷ 121.5 and 243.0 MHz
③ 123.0 and 119.0 MHz
④ 135.0 and 247.0 MHz

바. 18년 1차

54. 다음 문장의 괄호 안에 들어갈 가장 적합한 것은? (18년 1차)

> Changes of frequency in the sending and receiving apparatus of any mobile station shall be capable of being made (   ).

① as well as possible
② as far as possible
③ as long as possible
❹ as rapidly as possible

66. 다음 문장의 밑줄 친 단어와 같은 의미를 가지는 것은? (18년 1차)

> The air traffic controller announced the <u>arrival</u> of the flight.

❶ Landing
② Captain
③ Leaving
④ Number

사. 17년 1차

69. 다음 문장의 밑줄 친 부분에 알맞은 것은? (17년 1차)

> The pilot wants to know the barometer reading. He wants to know (   ).

① the pollen count
❷ the atmospheric pressure
③ the temperature of the air
④ the amount of moisture in the air

70. Which part of an airplane can increase lift during a flight? (17년 1차)

❶ A flap
② A rudder
③ An aileron
④ An elevator

> ※ 항공기 2차 조종면 (미연방항공청 PHAK 6-8)
> Flaps are the most common high-lift devices used on aircraft. These surfaces, which are attached to the trailing edge of the wing, increase both lift and induced drag for any given AOA.

아. 16년 1차

56. 다음 중 약어의 표현이 적절하지 않은 것을 고르시오. (16년 1차)

① DME – Distance Measuring Equipment
② ILS – Instrument Landing System
③ ADF – Automatic Direction Finder
❹ NAV – Navigation Aircraft Vertical

57. 다음 문장의 밑줄 친 부분에 들어갈 알맞은 것은? (16년 1차)

> The speed in level flight at which an airplane operaties most efficiently and economically is called ( ).

❶ Cruising Speed
② Top Speed
③ Maximum Level Speed
④ Maximum Structural Cruising Speed

59. 다음 문장의 밑줄 친 부분에 들어갈 알맞은 것은? (16년 1차)

> The component of the total aerodynamic forces acting on an airfoil perpendicular to the relative wind is called ( ).

❶ Lift
② Drag
③ Weight
④ Thrust

※ 항공기에 작용하는 4가지 힘 (미연방항공청 PHAK 3-3)

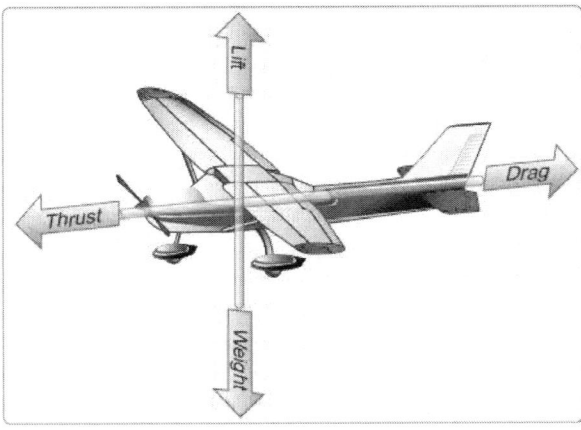

61. 다음 문장의 밑줄 친 부분이 의미하는 것은? (16년 1차)

Generators are widely used for high-powered alternating current and direct current installations.

① 교류
❷ 직류
③ 전압
④ 전력

자. 15년 4차

56. 다음 문장의 밑줄 친 부분에 들어갈 내용으로 알맞은 것은? (15년 4차)

Altitude expressed in feet measured above ground level is abbreviated as (　　).

① MSL
② QNH
③ QFE
❹ AGL

57. 다음 중 용어의 기능이 가장 적합하게 설명된 것은? (15년 4차)
   ① "DME" providing only azimuth information.
   ② "TACAN" providing only distance information.
   ③ "DME" providing distance and azimuth information.
   ❹ "TACAN" providing distance and azimuth information.

58. 약어 'CAVOK'의 의미와 발음을 가장 적절하게 설명한 것은? (15년 4차)
   ① No precipitation, KA-VOK
   ② No Precipitation, KAV-OH-KAY
   ③ Visibility, cloud and present weather better than prescribed values, KA-VOK
   ❹ Visibility, cloud and present weather better than prescribed values, KAV-OH-KAY

차. 15년 1차

60. 다음 문장의 밑줄 친 부분에 알맞은 것은? (15년 1차)

   An inside aircraft communication system for the crew is called (   ).

   ❶ Interphone system
   ② Transmitter system
   ③ Receiver system
   ④ Transponder system

61. 다음 문장의 밑줄 친 부분에 들어갈 알맞은 것은? (15년 1차)

   The forward force produced by either a propeller or the reaction of a jet engine exhaust is called (   ).

   ① Power
   ② Length
   ③ Weight
   ❹ Thrust

V 알파벳 및 숫자의 음성통화표

항공교통관제절차 2-4-16 국제민간항공기구 발음법(ICAO Phonetics)
국제민간항공기구(ICAO) 숫자·문자 발음법을 사용하여야 한다.
(표 2-4-1에 있는 국제민간항공기구 무선전화 알파벳 및 발음법 참고)

표 2-4-1 국제민간항공기구 음성 발음법

A	Alfa	*AL* FAH
B	Bravo	*BRAH* VOH
C	Charlie	*CHAR* LEE
D	Delta	*DELL* TAH
E	Echo	*ECK* OH
F	Foxtrot	*FOKS* TROT
G	Golf	*G*OLF
H	Hotel	HOH *TELL*
I	India	*IN* DEE AH
J	Juliett	*JEW* LEE *ETT*
K	Kilo	*KEY* LOH
L	Lima	*LEE* MAH
M	Mike	*M*IKE
N	November	NO *VEM* BER
O	Oscar	*OSS* CAH
P	Papa	PAH *PAH*
Q	Quebec	KEH *BECK*
R	Romeo	*ROW* ME OH
S	Sierra	SEE *AIR* RAH
T	Tango	*TANG* GO
U	Uniform	*YOU NEE* FORM

문자	단어	발음
V	Victor	**VIK** TAH
W	Whiskey	**WISS** KEY
X	X-ray	**ECKS** RAY
Y	Yankee	**YANG** KEY
Z	Zulu	**ZOO** LOO

주기 : 발음시, 강조하여야 할 음절은 **굵은 이태릭체**로 표기됨

문 자	단 어	발 음
0	Zero	ZE-RO
1	One	WUN
2	Two	TOO
3	Three	TREE
4	Four	FOW-ER
5	Five	FIFE
6	Six	SIX
7	Seven	SEV-EN
8	Eight	AIT
9	Nine	NIN-ER

66. 다음 중 영문통화표의 약어로 옳지 않은 것은? (22년 1차)

① D : Delta
❷ M : Michael
③ N : November
④ W : whiskey

60. 다음 괄호 안에 알맞은 발음은? (21년 4차)

> When the English language is used, number 8 shall be transmitted using the pronunciation of ( ).

❶ AIT
② I-IT
③ E-IT
④ EI-TO

60. Choose the wrong ICAO phonetic alphabet. (21년 1차)

① D : Delta
❷ I : Indo
③ Q : Quebec
④ S : Sierra

61. Aviation radio message에서 number "1"을 올바르게 발음한 것은? (21년 1차)

① one
❷ wun
③ wan
④ win

59. 항공무선통신에서 숫자 3을 송신할 때 영문통화표에 의한 발음방법은? (20년 4차)

① TAY-RAH THRI
② TEY-RAH-THLEE
❸ TAY-RAH-TREE
④ TEY-RAH-TLEE

61. Choose the wrong ICAO phonetic alphabet. (19년 4차)

① D : Delta
❷ I : Indo
③ Q : Quebec
④ S : Sierra

65. Aviation radio message에서 number "1"을 올바르게 발음한 것은? (19년 4차)
① one
❷ wun
③ wan
④ win

60. 다음 중 영문통화표의 연결이 옳지 않은 것은? (18년 4차)
① I : India
❷ V : Victory
③ 9 : Novenine
④ 소수점 : Decimal

61. 다음 괄호 안에 알맞은 발음은? (18년 4차)

When the English language is used, number 8 shall be transmitted using the pronunciation of ( ).

❶ AIT
② I-IT
③ E-IT
④ EI-TO

65. 다음 중 International phonetic alphabet 의 발음이 틀린 것은? (18년 4차)
① A : AL FAH
❷ B : BRAI BOU
③ E : ECK OH
④ G : GOLF

59. Aviation radio message에서 number "1"을 올바르게 발음한 것은? (18년 1차)
① one
❷ wun
③ wan
④ win

63. 다음 중 영문통화표의 설명으로 옳지 않은 것은? (18년 1차)
   ① 0 : NADAZERO
   ② 2 : BISSOTWO
   ❸ 소수점 : PERIOD
   ④ 종지부 : STOP

64. Choose the wrong ICAO phonetic alphabet. (18년 1차)
   ① A : Alfa
   ② G : Golf
   ❸ O : October
   ④ T : Tango

65. Choose the wrong ICAO phonetic alphabet. (18년 1차)
   ① F : Foxtrot
   ② J : Juliett
   ❸ R : Roma
   ④ L : Lima

68. 다음 문장의 괄호 안에 들어갈 가장 적합한 것은? (18년 1차)

   The letter L shall be transmitted using the word (   ).

   ❶ Lima
   ② Lost
   ③ Latin
   ④ Letter

61. 항공무선통신에서 숫자 "3"을 송신할 때 영문통화표에 의한 발음 방법은? (17년 1차)
   ① TAY-RAH-THRI
   ② TEY-RAH-THLEE
   ❸ TAY-RAH-TREE
   ④ TEY-RAH-TLEE

63. Choose the wrong ICAO phonetic alphabet. (17년 1차)
   ① D : Delta
   ❷ I : Indo
   ③ Q : Quebec
   ④ S : Sierra

64. Choose the wrong ICAO phonetic alphabet. (17년 1차)
   ① F : Foxtrot
   ② J : Juliett
   ❸ R : Roma
   ④ L : Lima

64. 다음 영문 통화표의 약어 발음방법으로 틀린 것은? (15년 4차)
   ① A : ALFAH
   ② O : OSSCAH
   ❸ S : SEE EIRRAH
   ④ X : ECKSRAY

64. Choose the wrong ICAO phonetic alphabet. (15년 1차)
   ① K : Kilo
   ② H : Hotel
   ③ C : Charlie
   ❹ B : Brave

VI 일반적 영어 상식

1. 16년 1차

65. 다음 문장의 뜻을 가장 잘 나타내는 것은? (16년 1차)

He speaks German no better than you speack French.

① You speak French very well.
② He speaks German well.
③ He speaks German well, but not so well as you speak French.
❹ You speak French as good as he speaks German.

66. "그는 너무 뚱뚱해서 계단을 오를 수 없다."를 영작한 문장으로 가장 적절한 것은? (16년 1차)

① He is so fat that walk up the stairs.
② He is too fat that he can walk up the stairs.
❸ He is too fat to walk up the stairs.
④ He is too fat for he can't walk up the stairs.

67. 다음 문장의 괄호 안에 들어갈 가장 적절한 단어는? (16년 1차)

There is not (   ) air pollution and the beaches are clean and beautiful.

① more
② most
③ many
❹ much

68. 다음 문장의 밑줄 친 곳에 들어갈 가장 적절한 단어는? (16년 1차)

"To astronomers, the moon has long been an (   ), its origin escaping simple solution."

❶ enigma
② ultimatum
③ affront
④ opportunity

69. 다음 문장의 밑줄 친 부분을 해석하면? (16년 1차)

The flow of electric current in a conduct is directly proportional to the Volt.

❶ 정비례한다.
② 반비례한다.
③ 동등하다.
④ 무관하다.

70. 다음 문장의 밑줄 친 부분과 같은 뜻을 가진 단어는? (16년 1차)

You must take into account the fact that he has little education.

① guess
❷ consider
③ imagine
④ require

2. 15년 4차

65. 다음 문장의 괄호 안에 들어갈 가장 적절한 단어는? (15년 4차)

There is not (   ) air pollution and the beaches are clean and beautiful.

① more
② most
③ many
❹ much

66. 다음 보기의 문장 중 뜻이 다른 하나의 문장은 어느 것인가? (15년 4차)
① A child of five would understand it.
② A five-year-old child would understand it.
③ A five-year-old child would know it.
❹ A child is five-year-old, but he understand it.

67. 다음 문장의 빈칸에 들어갈 가장 적절한 단어는? (15년 4차)

Just as all roads once led to Rome, all blood vessels in the human body ultimately (   ) the heart.

① detour around
② look after
③ shut off
❹ empty into

68. 다음 문장의 밑줄 친 부분에 들어갈 가장 적절한 단어는? (15년 4차)

Unfortunately, excessive care in choosing one's words often results in a loss of (   ).

① precision
② atmosphere
③ selectivity
❹ spontaneity

69. 다음 문장의 밑줄 친 부분에 들어갈 알맞은 것은? (15년 4차)

He convinced me that (   ) he says is true.

① that
❷ what
③ who
④ which

70. 다음 문장의 밑줄 친 곳에 들어갈 가장 알맞은 것은? (15년 4차)

"Be sure to get the dial tone before you begin to dial. Then dial and wait (   ) the answer."

① in
② on
❸ for
④ up

3. 15년 1차

65. 다음 중 뜻이 다른 문장은 어느 것인가? (15년 1차)
① Have you booked a seat on a plane?
② Have you reserved a seat on a plane?
③ Did you make a reservation on a plane?
❹ Do you have a bookkeeping on a plane?

67. 다음 대화 중 밑줄 친 부분의 뜻은? (15년 1차)

M : My teacher told me to speak with you about this project.
W : What do you need? I've specialized in working with adtabases.

❶ 전문으로 하는
② 모으고 있는
③ 추진 중인
④ 특별한

68. 다음 문장의 밑줄 친 부분에 들어갈 가장 적합한 단어는? (15년 1차)

Thanks to the emerging technology of active noise control, automakers may soon be able to ( ) noise inside a car.

❶ dampen
② energize
③ undertake
④ augment

69. 다음 문장에서 밑줄 친 부분의 표현이 잘못된 것은? (15년 1차)

The American standard of libing ① is still ② higher ③ than most of the other ④ living in the world.

① is
② higher
❸ than most
④ living

70. 다음 중 동사의 변형을 나타낸 것으로 잘못된 것은? (15년 1차)

① overspread – overspread – overspread
❷ transmit – transmited – transmited
③ modulate – modulated – modulated
④ broadcast – broadcast – broadcast

제3장 기출문제

I. 전파법규 (최근 8개년 2022년-2015년)

II. 영어 (최근 8개년 2022년-2015년)

I 전파법규

[2022년 1차]

1. 항공기국은 방위측정의 청구를 어디에 하여야 하는가?
   ① 무선측위국
   ② 의무항공기국
   ③ 무선방향탐지국
   ④ 선박국

2. 다음 중 전파법의 목적이 아닌 것은?
   ① 전파이용과 전파에 관한 기술의 개발을 촉진
   ② 공공복리의 증진에 이바지
   ③ 전파 관련 분야의 진흥을 도모
   ④ 국가간의 분쟁을 조정

3. 전파법령에서 정하는 항공기국에 배치 가능한 무선종사자로 틀린 것은?
   ① 전파전자통신기사
   ② 육상무선통신사
   ③ 전파전자통신산업기사
   ④ 항공무선통신사

4. 다음 중 "항공기국이 무선전화통신으로 무선방향탐지국에 대하여 방위측정용 부호를 송신하고자 하는 경우 송신순서"로 옳은 것은?
   ① 자국의 호출부호 – 각 10초간의 2선 – 자국의 호출부호
   ② 상대국의 호출부호 – 각 10초의 2선 – 자국의 호출부호
   ③ 자국의 호출부호 – 각 20초간의 2선 – 상대국의 호출부호
   ④ 상대국의 호출부호 – 각 20초의 2선 – 자국의 호출부호

5. 항공고정업무국의 통신연락 방법 중 "수송방식에 의하여 송신"하는 방법으로 옳은 것은?
   ① "O"적의 연속 ⇒ 자국의 호출부호 1회
   ② "S"적의 연속 ⇒ 자국의 호출부호 1회
   ③ "V"적의 연속 ⇒ 자국의 호출부호 1회
   ④ "X"적의 연속 ⇒ 자국의 호출부호 1회

6. 다음 중 무선종사자에 한하여 운용할 수 있는 무선기기는?
   ① 적합성평가를 받은 생활무선국용 무선기기
   ② 측정용 소형발진기
   ③ 항공기에 설치되는 항행안전용 수신전용 무선기기
   ④ 아마추어용 무선기기

7. 다음 중 "조난통보의 수신증을 송신한 항공국의 조치"로 틀린 것은?
   ① 항공교통의 관리기관에 통지한다.
   ② 조난항공기의 구조기관에 통지한다.
   ③ 기상원조국에 통지한다.
   ④ 조난항공기국의 최후에 사용한 주파수의 전파를 청취한다.

8. 권한의 위임·위탁 규정에 따라 무선국의 폐지 또는 운용휴지를 하고자 하는 경우 누구에게 신고서를 제출하여야 하는가?
   ① 한국방송통신전파진흥원장
   ② 중앙전파관리소장
   ③ 우정사업본부장
   ④ 국립전파연구원장

9. 다음 중 시설자의 지위승계를 위하여 과학기술정보통신부장관의 인가를 받아야 하는 경우는?
   ① 시설자에 대하여 상속이 있는 경우
   ② 항공기 소유권의 이전에 의하여 운항자가 변경된 경우
   ③ 시설자인 법인이 합병한 경우에 합병 후 존속한 경우
   ④ 항공기의 임대차 계약에 의하여 운항자가 변경된 경우

10. 무선국의 허가유효기간 만료일 도래 시 재허가 신청을 누구에게 해야 하는가?
    ① 해양수산부장관
    ② 과학기술정보통신부장관
    ③ 산업통상자원부장관
    ④ 국통교통부장관

11. 다음 중 허가 또는 신고하지 아니하고 개설할 수 있는 무선국은?
    ① 항공기에 설치되는 레이다 설비
    ② 항공기용 비상위치지시용 무선표지설비
    ③ 항공관제탑에 설치되는 수신전용 무선기기를 사용하는 무선국
    ④ 항공기에 설치되는 송수신기

12. 다음 중 정당한 사유 없이 계속하여 6개월 이상 무선국의 운용을 휴지한 경우 과학기술정보통신부장관 또는 방송통신위원회가 취할 수 있는 조치는?
    ① 무선종사자 기술자격의 정지
    ② 무선국의 변경
    ③ 무선국검사 합격 취소
    ④ 무선국 개설허가의 취소

13. 다음 중 전파법 상 처분을 하기위한 청문대상이 아닌 것은?
    ① 무선국 개설허가의 취소
    ② 적합성평가의 취소
    ③ 무선국검사 합격 취소
    ④ 무선종사자의 기술자격 취소

14. 다음 중 송신설비의 안테나공급전력 표시방법이 아닌 것은?
    ① 평균전력(PY)
    ② 첨두포락선전력(PX)
    ③ 반송파전력(PZ)
    ④ 필요전력(PN)

15. 항공기국의 A3E전파 118[MHz]부터 136.975[MHz]까지의 주파수대를 사용하는 무선설비의 변조방식은?
    ① 진폭변조
    ② 주파수변조
    ③ 위상변조
    ④ 혼합변조

16. 다음 중 무선국 재허가 시 무선국 허가사항을 재지정할 수 있는 사항이 아닌 것은?
    ① 전파의 형식
    ② 무선국의 목적
    ③ 안테나공급전력
    ④ 운용허용시간

17. 헬리콥터 및 경량항공기를 제외한 의무항공기국의 정기검사 유효기간은?
   ① 6개월
   ② 1년
   ③ 2년
   ④ 3년

18. 선박 항공기 또는 기타 이동체의 안전, 선상 또는 시계내에 있는 인명의 안전에 관련된 긴급 전문의 우선순위 약어는?
   ① SS
   ② DD
   ③ FF
   ④ GG

19. 항공이동통신 업무에서 통신의 우선순위 중 가장 높은 것은?
   ① 조난통신
   ② 긴급통신
   ③ 무선방향탐지에 관한 통신
   ④ 항공기 안전운항에 관한 통신

20. 항공이동위성업무용 무선국의 운용 시 기준으로 삼아야 하는 시간으로 알맞은 것은?
   ① 중앙표준시
   ② 국가표준시(NST)
   ③ 협정세계시(UTC)
   ④ 표준 시보국에 의한 시간

[2022년 1차]

정답: ③④②①③ / ④③②③② / ③④③④① / ②②②①③

[2021년 4차]

1. 다음은 전파법령에서 규정하고 있는 "무선국에 배치하여야 할 무선종사자의 배치기준"이다. 괄호 안에 적합한 것은?

   > 인명구조 및 재난 관련 무선국, 항공국 등 24시간 청취가 필요한 무선국의 경우에는 무선국 운용허용시간 (   )을 기준으로 하여 무선국의 운용허용시간과 무선종사자의 통신운용범위에 의하여 정한다

   ① 4시간당 1명
   ② 6시간당 1명
   ③ 8시간당 1명
   ④ 12시간당 1명

2. 다음 중 항공이동업무에 있어서 통신의 우선순위로 옳은 것은?
   ① 조난통신 – 긴급통신 – 무선방향탐지와 관련된 통신
   ② 무선방향탐지와 관련된 통신 – 조난통신 – 긴급통신
   ③ 긴급통신 – 조난통신 – 무선방향탐지와 관련된 통신
   ④ 기상메시지 – 조난통신 – 무선방향탐지와 관련된 통신

3. 다음 중 항공운송사업에 사용되는 항공기에 의무적으로 설치하여야 하는 무선설비로 틀린 것은?
   ① 초단파(VHF) 및 극초단파(UHF) 무선전화 송수신기
   ② 자동방향탐지기(ADF)
   ③ LORAN(Long Range Navigation)
   ④ 거리측정시설(DME) 수신시

4. 다음 중 전파와 관련된 용어의 설명으로 틀린 것은?
   ① "무선설비"란 전파를 보내거나 받는 전기적 시설을 말한다.
   ② "무선국"이란 무선설비와 무선설비를 조작하는 시설자를 말한다. 다만, 방송수신만을 목적으로 하는 것은 제외한다.
   ③ "무선통신"이란 전파를 이용하여 모든 종류의 기호·신호·문언·영상· 음향 등의 정보를 보내거나 받는 것을 말한다.
   ④ "시설자"란 과학기술정보통신부장관으로부터 무선국의 개설허가를 받거나 과학기술정보통신부장관에서 개설신고를 하고 무선국을 개설 한 자를 말한다.

5. 다음 중 전파법령에서 규정한 무선국의 분류에 속하지 않는 것은?
   ① 항공기지구국
   ② 아마추어국
   ③ 방송수신국
   ④ 우주국

6. 다음은 전파법령에서 규정한 "레이다"의 정의이다. 괄호 안에 들어갈 낱말로 옳은 것은?

   결정하려는 위치에서 반사 또는 재발사되는 무선신호와 (   ) 신호와의 비교를 기초로 하는 무선측위 설비를 말한다.

   ① 발사
   ② 기준
   ③ 방송
   ④ 수신

7. 다음 중 "항공기국이 무선전화통신으로 무선방향탐지국에 대하여 방위측정용 부호를 송신하고자 하는 경우 송신순서"로 옳은 것은?
   ① 자국의 호출부호 - 각 10초간의 2선 - 자국의 호출부호
   ② 상대국의 호출부호 - 각 10초간의 2선 - 자국의 호출부호
   ③ 자국의 호출부호 - 각 20초간의 2선 - 상대국의 호출부호
   ④ 상대국의 호출부호 - 각 20촨의 2선 - 자국의 호출부호

8. 다음 중 항공기국 무선설비의 일반조건을 설명한 내용으로 틀린 것은?
   ① 작고 가벼우며, 취급이 용이할 것
   ② 무선설비의 안전한 동작을 위하여 온도 및 고도에 민감하게 반응할 것
   ③ 수신설비는 항공기의 전기적 잡음에 의한 방해가 발생하여도 정상동작할 것
   ④ 안테나계는 풍압과 빙결에 견딜 것

9. 다음 중 무선설비의 안테나계가 충족하여야 할 조건으로 틀린 것은?
   ① 정합은 신호의 반사손실이 최소화되도록 할 것
   ② 무선설비를 작동할 수 있는 최소 안테나이득을 가질 것
   ③ 지향성은 복사전력이 목표하는 방향을 벗어나지 아니하도록 안정적일 것
   ④ 안테나에서 반사파가 클 것

10. 다음 중 무선국 개설의 결격사유에 해당되지 않는 것은?
   ① 대한민국의 국적을 가지지 아니한 자가 항공국을 개설하고자 하는 경우
   ② 외국정부 또는 그 대표자가 육상국을 개설하고자 하는 경우
   ③ 외국의 법인 또는 단체가 해안국을 개설하고자 하는 경우
   ④ 과학이나 기술발전을 위한 실험만 사용하는 실험국을 개설하는 경우

11. 다음 중 진폭변조, 단측파대의 전반송파를 나타내는 전파형식 표시기호는?
   ① A
   ② B
   ③ H
   ④ F

12. 의무항공기국의 예비전원은 항공기의 항행안전을 위하여 필요한 무선설비를 얼마 이상 작동할 수 있는 성능을 가져야 하는가?
   ① 1시간 이상
   ② 30분 이상
   ③ 10분 이상
   ④ 2시간 이상

13. 최초로 정기검사를 받는 무선국의 정기검사 유효기간의 가산일은 언제부터 인가?
   ① 준공검사증명서를 발급받은 날
   ② 준공신고서를 제출한 날
   ③ 준공검사증명서를 발급받은 다음날
   ④ 무선국 허가증을 발급받은 다음날

14. 다음 중 전자파가 인체에 미치는 영향을 고려하여 무선설비 등에서 발생하는 전자파에 대한 기준을 정하여 고시하는 사항과 관계없는 것은?
   ① 전자파 인체보호기준
   ② 전자파 강도 측정기준
   ③ 전자파 흡수율 측정기준
   ④ 전자파 인체내성 측정기준

15. 다음 중 무선국 허가를 위한 심사사항이 아닌 것은?
   ① 주파수 지정이 가능한지의 여부
   ② 설치 운용할 무선설비가 기술기준에 적합한지의 여부
   ③ 공사가 설계서의 내용과 일치하는지의 여부
   ④ 무선종사자의 자격·정원 배치기준에 적합한지의 여부

16. 다음 중 무선국 재허가 시 무선국 허가사항을 재지정할 수 있는 사항이 아닌 것은?
    ① 전파의 형식
    ② 무선국의 목적
    ③ 안테나공급전력
    ④ 운용허용시간

17. 무선국 검사를 거부하거나 방해한 자에 대한 벌칙은?
    ① 1년 이하의 징역 또는 1천만원 이하의 벌금
    ② 1년 이하의 징역 또는 600만원 이하의 벌금
    ③ 1천만원 이하의 과태료
    ④ 600만원 이하의 과태료

18. 다음 중 'ICAO'를 의미하는 국제기구는?
    ① 국제민간위성기구
    ② 국제해사위성기구
    ③ 국제민간항공기구
    ④ 국제전기통신위성기구

19. 다음 중 국제전기통신연합(ITU)의 공용어가 아닌 것은?
    ① 중국어
    ② 프랑스어
    ③ 일본어
    ④ 영어

20. 국제전기통신연합(ITU) 전권위원회는 몇 년마다 개최되는가?
    ① 3년
    ② 4년
    ③ 7년
    ④ 10년

[2021년 4차]

정답: ③①③②③ / ②①②④④ / ③②①④③ / ②①③③②

[2021년 1차]

1. 다음 중 항공이동업무에 있어서 통신의 우선순위가 옳게 나열된 것?
   ① 무선방향탐지와 관련된 통신 - 기상메시지 - 비행안전메시지
   ② 무선방향탐지와 관련된 통신 - 비행안전메시지 - 기상메시지
   ③ 비행안전메시지 - 무선방향탐지와 관련된 통신 - 기상메시지
   ④ 비행안전메시지 - 기상메시지 - 무선방향탐지와 관련된 통신

2. 다음 중 "121.5[MHz]의 주파수를 사용"할 수 있는 경우로 틀린 것?
   ① 급박한 위험상태에 있는 항공기국과 항공기국간의 통신
   ② 안전을 요하는 경우의 통신
   ③ 수색과 구조작업에 종사하는 항공기의 항공기국 상호간 통신
   ④ 121.5[MHz] 외의 주파수를 사용할 수 없는 항공기국과 항공국간의 통신

3. 다음 중 "항공국이 운용을 종료하고자 할 때의 제한사항"으로 틀린 것?
   ① 통신이 가능한 범위 안에 있는 모든 항공기국에 대하여 그 뜻을 통지하여야 한다.
   ② 정시외의 시각에 다시 운용을 종료하고자 하는 때에는 그 예정시각두 통지하여야 한다.
   ③ 항공국은 운용종료 통지결과 항공기국으로부터 운용시간 연장을 요구한 경우에는 그 요구된 시간까지 운용하여야 한다.
   ④ 통신을 행하였던 모든 항공국에 대해서 그 뜻을 통지하여야 한다.

4. 다음 중 무선국 허가증 또는 무선국 신고증명서에 적힌 사항의 범위 외에서 운용이 가능한 통신으로 틀린 것은?
   ① 방위를 측정하기 위하여 하는 항공국과 항공기국 간의 통신
   ② 비상통신의 통신체제 확보를 위한 훈련 목적의 통신
   ③ 항공기 내에서 환자의 의료에 관한 통보를 위한 통신
   ④ 항공기의 일상적인 위치통보

5. 항공지구국의 정의로 옳은 것은?
   ① 항공기에 개설하여 항공이동위성업무를 하는 이동지구국
   ② 항공기에 개설하여 해상이동위성업무를 하는 이동지구국
   ③ 육상의 일정한 고정지점에 개설하여 항공이동위성업무를 하는 지구국
   ④ 육상의 일정한 고정지점에 개설하여 해상이동위성업무를 하는 지구국

6. 수색구조에 종사하는 항공기에 있어서 장거리 취항 비행을 행하는 항공기국이 사용하여야 하는 주파수로 맞는 것은?
   ① 108[MHz]
   ② 156.525[MHz]
   ③ 15638[MHz]
   ④ 243.0[MHz]

7. 다음 중 전파법령에 의하여 "무선종사자의 자격별 정원을 경감하여 지정"할 수 있는 경우로 틀린 것은?
   ① 동일한 시설자에 속하는 항공기국이 2국이상인 경우
   ② 동일한 시설자가 2국 이상의 항공국을 원격제어방식에 의하여 중앙집중 운용하는 경우
   ③ 동일한 시설자가 2국 이상의 지구국을 원격제어방식에 의하여 중앙집중 운용하는 경우
   ④ 동일한 시설자에 속하는 2국 이상의 지구국이 설치장소가 동일하고 해당 무선국의 감시제어가 중앙집중방식인 경우

8. 다음 중 수신설비가 충족하여야 할 조건으로 틀린 것은?
   ① 선택도가 적을 것
   ② 감도는 낮은 신호입력에서도 양호할 것
   ③ 내부잡음이 적을 것
   ④ 수신주파수는 운용범위 이내일 것

9. 항공법 규정에 의한 헬리콥터 및 경량항공기의 의무항공기국은 당해 무선국의 정기검사 유효기간의 만료일 전후 얼마 이내에 검사를 받아야 하는가?
   ① 1개월
   ② 2개월
   ③ 3개월
   ④ 6개월

10. 다음 중 신고를 통해 처리할 수 없는 것은?
    ① 간이무선국의 승계
    ② 무선국 폐지
    ③ 무선국 운용 휴지
    ④ 송신기의 대치

11. 항공국의 정기검사는 유효기간 만료일 전후 얼마 이내에 받아야 하는가?
    ① 1개월
    ② 2개월
    ③ 3개월
    ④ 6개월

12. 다음 중 무선국 개설허가의 유효기간으로 잘못된 것은?
    ① 실험국 : 1년
    ② 항공국 : 3년
    ③ 우주국 : 5년
    ④ 항공안전법에 의해 항공기에 의무적으로 개설하는 무선국 : 무기한

13. 다음 중 정기검사 면제 또는 생략대상 무선국이 아닌 것은?
    ① 적합성평가를 받은 무선기기를 사용하는 아마추어국
    ② 국가안보 또는 대통령 경호를 위하여 개설하는 무선국
    ③ 공해 또는 극지역에 개설한 무선국
    ④ 의무항공기국

14. 항공기가 활주로에 착륙 시 활주로의 중심선 정부를 항공기에 제공하는 무선설비는?
    ① 로칼라이저
    ② 글라이드패스
    ③ 마아커비콘
    ④ 계기착륙시설

15. 다음 중 비상사태가 발생한 경우 과학기술정보통신부장관이 무선국에 대하여 취할 수 있는 조치가 아닌 것은?
    ① 무선국의 개설허가 취소
    ② 무선국의 위탁운용 명령
    ③ 무선국의 운용정지 명령
    ④ 무선국의 변경 명령

16. 조난, 긴급, 안전통신을 수신하고도 필요한 조치를 취하지 아니한 때 무선종사자에 대하여 1차 업무정지처분 기준 기간은?
    ① 업무종사 정지 6개월
    ② 업무종사 정지 1년
    ③ 업무종사 정지 2년
    ④ 기술자격 취소

17. 다음 중 과태료 200만원 이하의 벌칙 규정에 해당되지 않는 것은?
    ① 긴급통신에 관한 의무를 이행하지 아니한 경우
    ② 통신보안교육을 받지 아니한 경우
    ③ 무선국을 신고하지 아니하고 무선국을 운용한 경우
    ④ 안전시설기준에 적합하지 아니한 무선설비를 운용한 경우

18. 다음 중 항공기가 책임항공국으로부터 조난통신에 사용하는 전파를 지시받지 못한 경우에 행할 수 있는 조난통신용 주파수로 적합하지 않은 것은?
    ① 156.8[MHz]
    ② 2182[kHz]
    ③ 500[kHz]
    ④ 145[MHz]

19. 항공통신업무 운영규정에서 무선통신에 의한 방송을 할 때의 음성속도는?
    ① 분당 50단어 이내
    ② 분당 100단어 이내
    ③ 분당 200단어 이내
    ④ 분당 300단어 이내

20. 해상이동업무의 무선국과 통신하기 위하여 항공기국이 156[MHz]와 174[MHz] 사이의 주파수를 사용하는 경우, 송신기의 평균 송신전력은 몇 [W]를 초과할 수 없는가?
    ① 50[W]
    ② 30[W]
    ③ 10[W]
    ④ 5[W]

[2021년 1차]

정답: ②②④④③ / ④③①③④ / ④②④①② / ②③④②④

[2020년 4차]

1. 다음 중 전파법령에서 규정한 "안테나공급전력"의 정의로 옳은 것은?
   ① 송신설비에서 공간으로 발사되는 전력
   ② 안테나에서 공간으로 발사되는 전력
   ③ 안테나의 급전선에 공급되는 전력
   ④ 송신설비의 종단부에 공급되는 전력

2. 항공무선통신망에서 통신연락설정이 되지 아니하는 경우에 책임항공국과 항공기국의 "일방송신"에 대한 설명으로 틀린 것은?
   ① 책임항공국은 제1주파수 및 제2주파수의 전파에 의하여 일방적으로 통보를 송신할 수 있다
   ② 인근 책임항공국은 당해 항공기국과 최후로 사용한 전파로 일방적으로 통보를 송신할 수 있다.
   ③ 책임항공국은 수신설비의 고장으로 항공기국과과 연락설정을 할 수 없는 경우에 항공기국에서 지시된 전파로 일방송신에 의하여 통보를 송신하여야 한다.
   ④ 무선전화에 의하여 일방송신을 행하는 때에는 "수신설비의 고장으로 인한 일방송신"이라는 약어 또는 이에 해당하는 다른 약어를 먼저 보내고 행하는 그 통보를 반복하여 송신하여야 한다.

3. 다음 중 항공기국의 무선전화에 의한 조난호출의 송신순서로 옳은 것은?
   ① 조난 3회 - 여기는 1회 - 조난항공기국의 호출명칭 3회 - 주파수 1회
   ② 조난 3회 - 여기는 1회 - 주파수 1회 - 조난항공기국의 호출명칭 3회
   ③ 조난항공기국의 호출명칭 3회 - 여기는 1회 - 조난 3회 - 주파수 1회
   ④ 조난항공기국의 호출명칭 3회 - 여기는 1회 - 주파수 1회 - 조난 3회

4. 다음 중 항공이동업무에 있어서 통신의 우선순위로 옳은 것은?
   ① 조난통신 - 긴급통신 - 항공기 안전운항통신 - 무선방향탐지통신
   ② 조난통신 - 항공기 안전운항통신 - 긴급통신 - 무신방향탐지통신
   ③ 조난통신 - 긴급통신 - 무선방향탐지통신 - 항공기 안전운항통신
   ④ 긴급통신 - 조난통신 - 무선방향탐지통신 - 항공기 안전운항통신

5. 다음 중 "조난항공기가 조난상태를 벗어난 때의 조치사항으로 틀린 것은?
   ① 조난통신을 행한 전파에 의하여 그 뜻을 통지하여야 한다.
   ② 조난통신을 관장한 무선국은 항공교통의 관리기관에 그 뜻을 통지하여야 한다.
   ③ 조난통신을 관장한 무선국은 조난항공기의 구조기관에 그 뜻을 통지하여야 한다.
   ④ 조난통신을 행한 주파수에 의하여 그 뜻을 통지하여야 한다.

6. 항공국은 항공고정업무를 경유하여 전송된 통보로서 무선전화에 의하여 항공기국에 송신하는 것에 대한 통보의 구성 순서로 옳은 것은?
   ① 본문 – "FROM"(구문인 경우) – 발신인의 명칭과 소재지명
   ② 호출 – 발선인의 명칭과 소재지명
   ③ 본문 – 호출 – 발신인의 명칭과 소재지명
   ④ 본문 – 수신인 명칭 – 발신인의 명칭과 소재지명

7. 항공기국과 항공국 간 또는 항공기국 상호 간의 무선통신업무를 무엇이라 하는가?
   ① 항공고정업무
   ② 항공무선항행업무
   ③ 항공이동업무
   ④ 항공업무

8. 다음 중 과학기술정보통신부장관이 정하여 고시하는 교육을 이수한 자에 대하여 해당 검정과목의 시험을 면제할 수 있는 자격종목이 아닌 것은?
   ① 항공무선통신사
   ② 해상무선통신사
   ③ 육상무선통신사
   ④ 제3급 아마추어무선기사(전신급)

9. 다음 중 "선박 또는 항공기가 외국의 각 지역을 항행 중이어서 무선종사자의 승무가 불가능한 경우로서 무선종사자가 아닌 자가 무선설비를 운용할 수 있는 범위"로 옳은 것은?
   ① 운항통신
   ② 출입권 통지
   ③ 안전통신
   ④ 기기의 조정

10. 허가 유효기간이 5년인 항공지구국의 재허가 신청기간은?
    ① 허가유효기간 만료 전 3개월 이상 5개월 이내의 기간
    ② 허가유효기간 만료 전 2개월 이상 4개월 이내의 기간
    ③ 허가유효기간 만료 전 1개월 이상 3개월 이내의 기간
    ④ 허가유효기간 만료 전 2개월까지의 기간

11. 시설자의 지위승계 시 과학기술정보통신부장관의 인가를 받아야 하는 경우는?
    ① 항공기의 소유권 이전으로 항공기의 운항자가 변경된 때
    ② 시설자가 사망한 경우의 상속을 받을 때
    ③ 시설자인 법인이 합병한 때
    ④ 선박의 임대차계약에 의하여 운항자가 변경된 때

12. 다음 중 항공기국 무선설비의 일반조건에 해당하지 않는 것은?
    ① 작고 가벼운 것으로서 취급이 용이할 것
    ② 수신장치는 가능한 한 이동 동조주파수 전환방식으로 할 것
    ③ 항공기의 통상적인 운항상태에서 온도, 고도 등의 환경변화에 의해 기능이 저하되지 않고 정상적으로 동작할 것
    ④ 수신설비는 가능한 한 항공기의 전기적 잡음에 의한 방해를 받지 않을 갓

13. 헬리콥터 및 경량항공기에 개설한 의무항공기국에 대한 무선국 정기검사의 유효기간은?
    ① 1년
    ② 2년
    ③ 3년
    ④ 4년

14. 다음 중 과학기술정보통신부장관으로부터 변경허가를 받아야 하는 변경사항이 아닌 것은?
    ① 무선국의 목적
    ② 호출부호 또는 호출명칭
    ③ 통신의 상대방 및 통신사항
    ④ 무선방위측정기의 대치

15. 권한의 위임·위탁 규정에 따라 무선국의 폐지 또는 운용휴지를 하고자 하는 경우 누구에게 신고서를 제출하여야 하는가?
    ① 한국방송통신전파진흥원장
    ② 중앙전파관리소장
    ③ 우정사업본부장
    ④ 국립전파연구원장

16. 무선국의 개설허가를 받은 시설자는 준공기한의 연장신청을 최대 얼마까지 할 수 있는가?
    ① 6개월
    ② 1년
    ③ 1년 6개월
    ④ 2년

17. 항공국의 개설허가 유효기간으로 옳은 것은?
   ① 1년
   ② 2년
   ③ 3년
   ④ 5년

18. 무선국의 허가를 받은 자가 준공기한(기한을 연장한 경우에는 그 기한)이 지난 후 몇 일이 지날 때까지 준공신고를 마치지 아니한 경우에 무선국의 개설허가를 취소할 수 있는가?
   ① 20 일
   ② 30 일
   ③ 40 일
   ④ 50 일

19. 선박, 항공기 또는 기타 이동체의 안전, 선상 또는 시계내에 있는 인명의 안전에 관련된 긴급 전문의 우선순위 약어는?
   ① SS
   ② DD
   ③ FF
   ④ GG

20. 다음 중 국제전파규칙 (RR) 에서 규정한 자격증을 소유하고 있지 않은 임시통신사의 업무가 아닌 것은?
   ① 화물운송 계획에 관한 메시지
   ② 인명안전과 직접 관련되는 떼시지
   ③ 항공기의 안전운항과 관련되는 메시지
   ④ 조난신호와 그에 관련되는 메시지

[2020년 4차]
정답: ③③①③④ / ①③④③② / ③②②④② / ②④②②①

[2019년 4차]

1. '항공무선통신사' 자격증을 가진 사람이 운용할 수 있는 종사범위에 해당하는(포함되는) 자격종목은?
   ① 전파전자통신기능사
   ② 무선설비기능사
   ③ 제3급 아마추어 무선기사(전화급)
   ④ 제2급 아마추어 무선기사

2. 다음 중 항공무선통신사의 종사범위가 아닌 것은?
   ① 항공기를 위한 무선항행국의 무선설비의 통신운용(무선전신 제외)
   ② 레이다의 외부조정의 기술운용
   ③ 무선항행국 설비 중 안테나 공급전력 500(W)이상의 기술 운용
   ④ 항공기에 개설하는 무선설비의 외부조정의 기술운용(무선전신 및 다중 무선설비 제외)

3. 다음 중 항공이동업무에 있어서 통신의 우선순위가 가장 우선인 것은?
   ① 무선방향탐지에 관한 통신
   ② 항공기의 안전운항에 관한 통신
   ③ 기상통보에 관한 통신
   ④ 항공기의 정상운항에 관한 통신

4. 다음 중 전파와 관련된 용어의 설명으로 옳지 않은 것은?
   ① 무선설비라 함은 전파를 보내거나 받는 전기적 시설을 말한다.
   ② 송신설비라 함은 송신장치에서 발생하는 고주파에너지를 공간에 복사하는 설비를 말한다.
   ③ 무선탐지라 함은 무선항행 외의 무선측위를 말한다.
   ④ 안테나 공급전력이란 안테나의 급전선에 공급되는 전력을 말한다.

5. 다음 중 항공기국의 조난 통보 내용이 아닌 것은?
   ① 우선순위 약어 "KK"
   ② 조난 항공기의 식별표지
   ③ 조난 항공기의 위치
   ④ 조난의 종류·상황과 필요로 하는 구조의 종류

6. 무선전화에 의한 경보신호는 교대로 송신하는 실질적인 정현파인 가청주파수가 다른 2음으로 구성된다. 그 2음의 주파수는?
   ① 2,200[Hz], 1,000[Hz]
   ② 2,200[Hz], 1,300[Hz]
   ③ 2,200[Hz], 1,500[Hz]
   ④ 2,200[Hz], 1,800[Hz]

7. 다음 중 항공이동업무 통신에 있어 우선순위가 가장 하위인 것은?
   ① 기상통보에 관한 통신
   ② 조난통신
   ③ 무선방향탐지에 관한 통신
   ④ 긴급통신

8. 항공무선통신업무국에서 행하는 호출순서를 바르게 나타낸 것은?
   ① 자국의 호출부호 – "DE" – 상대국의 호출부호 – 청수주파수를 표시하는 약어
   ② 자국의 호출부호 – 상대국의 호출부호 – "DE" – 청수주수를 표시하는 약어
   ③ 상대국의 호출부호 – "DE" – 자국의 호출부호 – 우선순위를 표시하는 약어
   ④ 상대국의 호출부호 – 자국의 호출부호 – "DE" – 우선순위를 표시하는 약어

9. 다음 중 수신설비가 충족하여야 할 조건으로 옳지 않은 것은?
   ① 선택도가 적을 것
   ② 감도는 낮은 신호입력에서도 양호할 것
   ③ 내부잡음이 적을 것
   ④ 수신주파수는 운용범위 이내일 것

10. 다음 중 비상사태가 발생하거나 혼신방지상 필요한 경우 과학기술정보 통신부장관이 취할 수 있는 조치로 틀린 것은?
    ① 무선종사자 기술자격정지
    ② 무선국의 변경
    ③ 무선국의 운용제한
    ④ 무선국의 운용정지

11. 다음 중 전파형식 'A3E'에 대한 설명으로 틀린 것은?
    ① 주반송파의 변호형식이 진폭변조이고 양측파대이다.
    ② 주반송파를 변조시키는 신호의 특성이 아날로그 정보를 포함하는 단일채널이다.
    ③ 송신할 정보가 전화이다.
    ④ 4조건 부호로서 각각의 조건이 신호소자를 표시한 것이다.

12. 무선국 준공기한의 연장은 얼마를 초과할 수 없는가?
   ① 6개월
   ② 8개월
   ③ 10개월
   ④ 1년

13. 무선국 개설허가의 허가유효기간은 최대 몇 년의 범위 내에서 정할 수 있는가?
   ① 1년
   ② 5년
   ③ 7년
   ④ 10년

14. 다음 중 무선국의 정기검사 유효기간이 옳은 것은?
   ① 실용화 시험국 : 3년
   ② 항공국 : 5년
   ③ 실험국 : 2년
   ④ 헬리콥터 및 경량항공기의 의무항공기국 : 1년

15. 허가를 받지 아니하고 무선국을 개설하거나 이를 운용한 자에 대한 벌칙은?
   ① 1년 이하의 징역 또는 1천만원 이하의 벌금
   ② 3년 이하의 징역 또는 3천만원 이하의 벌금
   ③ 5년 이하의 징역 또는 5천만원 이하의 벌금
   ④ 10년 이하의 징역 또는 1억원 이하의 벌금

16. 다음 중 과학기술정보통신부장관이 무선국의 허가를 취소 할 수 있는 경우가 아닌 것은?
   ① 정당한 사유없이 계속하여 3개월 동안 무선국의 운용을 휴지한 경우
   ② 부정한 방법으로 무선국의 허가를 받은 경우
   ③ 개설허가 받은 항공국을 준공검사 받지 않고 운용한 경우
   ④ 전파사용료를 납부하지 아니한 경우

17. 전파를 전방향으로 발사하는 회전식 무선표지업무를 행하는 무선설비는?
   ① DME(Distance Measurement Equipment)
   ② VOR(VHF Omnidirectional radio range)
   ③ 마아커비콘(Marker Becon)
   ④ 글라이드패스(Glide Path)

18. 다음 중 전파규칙(RR)에서 규정한 항공기국의 검사에 관한 설명으로 옳지 않은 것은?
   ① 검사관은 조사 목적으로 무선국 허가증의 제시를 요구할 수 있다.
   ② 무선설비기술기준의 적합여부에 대하여 무선설비를 검사 할 수 있다.
   ③ 검사관은 통신사의 자격증 제시를 요구 할 수 있다.
   ④ 검사관은 통신사에게 직무에 관한 전문지식의 입증을 요구 할 수 있다.

19. 다음 중 전파규칙(RR)의 항공업무에서 규정한 무선전화통신사 일반 자격증 소지자(Radiotelephone Operator's General Certificate)의 업무로 옳은 것은?
   ① 모든 항공기국의 무선전신 업무
   ② 모든 항공국의 무선전신업무
   ③ 모든 항공기국 또는 항공기지구국의 무선전화 업무
   ④ 모든 항공국의 무선전신 업무 및 항공지구국의 무선전화 업무

20. 국제전기통신연합(ITU) 전권위원회의는 몇 년마다 개최되는가?
   ① 3년
   ② 4년
   ③ 7년
   ④ 10년

[2019년 4차]

정답: ③③①②① / ②①③①① / ④④③②② / ①②④③②

[2018년 4차]

1. 항공기국은 해당 무선국에 설치되어 있는 각종 무선설비를 충분히 운용할 수 있는 자격자를 1명 배치하여야 한다. 다음 중 해당자격이 아닌 것은?
   ① 전파전자통신기사
   ② 전파전자통신산업기사
   ③ 전파전자통신기능사
   ④ 항공무선통신사

2. 항공기국이 방위를 측정하고자 하는 경우 어디에 청구하여야 하는가?
   ① 무선방향탐지국
   ② 인근 항공기국
   ③ 방송국
   ④ 무선표지국

3. 다음 중 과학기술정보통신부장관이 정하여 고시하는 교육을 이수한 자에 대하여 해당 검정과목의 시험을 면제할 수 있는 자격종목이 아닌 것은?
   ① 항공무선통신사
   ② 해상무선통신사
   ③ 육상무선통신사
   ④ 제3급아마추어무선기사(전신급)

4. 국제항공고정무선통신망에 속하는 항공고정국에서 취급하는 제1순위 통보에 붙이는 약어는?
   ① "SS"
   ② "DD"
   ③ "GG"
   ④ "KK"

5. 기지국과 육상이동국, 육상국과 이동국, 육상이동국 상호간 및 이동국 상호간의 통신을 중계하기 위하여 설치하는 무선국을 무엇이라 하는가?
   ① 이동국
   ② 이동중계국
   ③ 기지국
   ④ 육상국

6. 기술자격검정에 관하여 부정행위가 있을 경우 과학기술정보통신부장관이 얼마 이내의 기간을 정하여 자격검정을 받지 못하는 하는가?
   ① 6개월 이상 1년 이내
   ② 3개월 이상 1년 이내
   ③ 6개월 이상 2년 이내
   ④ 해당 검정 시행일부터 3년간

7. 다음 중 항공기의 정상운항에 관한 통신의 통보가 아닌 것은?
   ① 항공기의 운항계획 변경에 관한 통보
   ② 항공기의 예정 외 착륙에 관한 통보
   ③ 시급히 입수하여야 할 항공기 부분품에 관한 통보
   ④ 항공교통관제에 관한 통보

8. MF(헥터미터파) 전파의 주파수 범위로 옳은 것은?
   ① 300 kHz 초과 3,000 kHz 이하
   ② 3 MHz 초과 30 MHz 이하
   ③ 30 MHz 초과 300 MHz 이하
   ④ 300 MHz 초과 3,000 MHz 이하

9. 의무항공기국의 예비전원은 항공기의 항행안전을 위하여 필요한 무선설비를 얼마 이상 동작시킬수 있는 성능을 가져야 하는가?
   ① 1시간 이상
   ② 30분 이상
   ③ 10분 이상
   ④ 2시간 이상

10. 다음 중 과태료 200만원 이하의 벌칙 규정에 해당되지 않는 것은?
    ① 긴급통신에 관한 의무를 이행하지 아니한 경우
    ② 통신보안교육을 받지 아니한 경우
    ③ 무선국을 신고하지 아니하고 무선국을 운용한 경우
    ④ 안전시설기준에 적합하지 아니한 무선설비를 운용한 경우

11. 전파를 전방향으로 발사하는 회전식 무선표지업무를 행하는 무선설비는?
    ① DME(Distance Measurement Equipment)
    ② VOR(VHF Omnidirectional Radio Range)
    ③ 마아커비콘(Marker Beacon)
    ④ 글라이드패스(Glide Path)

12. 다음 중 전파형식 'A3E'에 대한 설명으로 틀린 것은?
   ① 주반송파의 변조형식이 진폭변조이고 양측파대이다.
   ② 주반송파를 변조시키는 신호의 특성이 아날로그 정보를 포함하는 단일채널이다.
   ③ 송신할 정보가 전화이다.
   ④ 4조건 부호로서 각각의 조건이 신호소자를 표시한 것이다.

13. 「대한민국 헌법」 또는 「대한민국 헌법」에 따라 설치된 국가기관을 폭력으로 파괴할 것을 주장하는 통신을 한 자에 대한 벌칙은?
   ① 3년 이하의 징역 또는 1,000만원 이하의 벌금
   ② 1년 이상 15년 이하의 징역
   ③ 5년 이하의 징역 또는 5,000만원 이하의 벌금
   ④ 5년 이상의 징역 또는 금고

14. 다음 중 각 지방 전파관리소에서 수행하는 업무가 아닌 것은?
   ① 적합성평가의 변경신고 및 잠정인증
   ② 무선국의 개설허가 및 변경허가
   ③ 무선국의 검사
   ④ 무선국 폐지·운용휴지의 신고수리

15. 무선국의 허가유효기간 만료일 도래 시 재허가 신청은 누구에게 해야 하는가?
   ① 해양수산부장관
   ② 과학기술정보통신부장관
   ③ 산업통장자원부장관
   ④ 국토교통부장관

16. 다음 중 시설자의 지위승계를 위하여 과학기술정보통신부장관의 인가를 받아야 하는 경우는?
   ① 시설자에 대하여 상속이 있는 경우
   ② 항공기 소유권의 이전에 의하여 운항자가 변경된 경우
   ③ 시설자인 법인이 합병한 경우에 합병 후 존속한 경우
   ④ 항공기의 임대차 계약에 의하여 운항자가 변경된 경우

17. 다음 중 비상사태가 발생하거나 혼신방지상 필요한 경우 과학기술정보부장관이 취할 수 있는 조치로 틀린 것은?
   ① 무선종사자 기술자격정지
   ② 무선국의 변경
   ③ 무선국의 운용제한
   ④ 무선국의 운용정지

18. 다음 중 ITU의 공용어가 아닌 것은?
   ① 중국어
   ② 프랑스어
   ③ 일본어
   ④ 영어

19. 전파의 법률적 정의에서 괄호 안에 들어갈 단어로 알맞은 것은?

인공적인 유도(誘導) 없이 공간에 퍼져 나가는 (　　)로서 국제전기통신연합이 정한 범위의 (　　)를 가진 것을 말한다.

   ① 전자기, 주파수
   ② 전자파, 주파수
   ③ 주파수, 전자기
   ④ 주파수, 전자파

20. 다음 중 무선국이 준수하여야 할 조건으로 틀린 것은?
   ① 항공기국은 어떠한 목적으로도 해상이동업무의 무선국과 통신할 수 없다.
   ② 타 무선국에 대하여 유해한 혼신을 야기시켜서는 안된다.
   ③ 구명이동국 이외의 이동국과 이동지구국은 ITU 업무문서를 비치하여야 한다.
   ④ 항공기국은 해상상공에서의 방송업무를 할 수 없다.

[2018년 4차]
정답: ③①④①② / ④④①②③ / ②④②①② / ③①③③①

[2018년 1차]

1. 다음중 무선설비의 효율적 이용을 위하여 과학기술정보통신부장관의 승인을 얻어 위탁운용 또는 공동사용할 수 있는 무선설비가 아닌 것은?
   ① 무선국의 안테나설치대
   ② 송신설비
   ③ 무선국의 성능측정 설비
   ④ 수신설비

2. 전파법령에 따라 무선국은 허가증에 적힌 사항의 범위에서 운용하여야 하나 그 이외에 통신할 수 있는 경우가 아닌 것은?
   ① 조난통신
   ② 긴급통신
   ③ 안전통신
   ④ 평문통신

3. 수색구조에 종사하는 항공기에 있어서 장거리 취항 비행을 행하는 항공기국이 사용하는 주파수로 맞는 것은?
   ① 108[MHz]
   ② 156.8[MHz]
   ③ 156.525[MHz]
   ④ 243.0[MHz]

4. 항공기국과 항공국간 또는 항공기국 상호간의 무선통신업무를 무엇이라 하는가?
   ① 항공무선항행업무
   ② 항공이동업무
   ③ 항공무선통신업무
   ④ 항공무선조정업무

5. 무선전화에 의한 경보신호는 교대로 송신하는 실질적인 정현파인 가청 주파수가 다른 2음으로 구성된다. 그 2음의 주파수는?
   ① 2,200[Hz], 1,000[Hz]
   ② 2,200[Hz], 1,300[Hz]
   ③ 2,200[Hz], 1,500[Hz]
   ④ 2,200[Hz], 1,800[Hz]

6. 다음 중 전파법의 목적이 아닌 것은?
   ① 전파의 효율적인 이용 및 관리
   ② 전파의 이용 및 전파에 관한 기술의 개발을 촉진
   ③ 전파 관련 기관의 육성 및 지원
   ④ 공공복리의 증진에 이바지

7. 항공기국은 당해 무선국에 설치되어 있는 각종 무선설비를 충분히 운용할 수 있고 해당 국가기술자격을 갖춘 1명을 배치하여야 한다. 이에 해당되지 않는 자격 종목은?
   ① 전파전자통신기사
   ② 육상무선통신사
   ③ 전파전자통신산업기사
   ④ 항공무선통신사

8. 조난통신을 발신하여야 할 사태에 이르러 기장이 필요한 명령을 하지 아니하거나 무선통신업무에 종사하는 자로 서 그 명령을 받고 지체 없이 이를 발신하지 아니한 자에 대한 벌칙은?
   ① 10년 이하의 징역 또는 1억원 이하의 벌금
   ② 5년 이하의 징역 또는 5천만원 이하의 벌금
   ③ 3년 이하의 징역 또는 3천만원 이하의 벌금
   ④ 1년 이하의 징역 또는 1천만원 이하의 벌금

9. 무선국의 허가를 받은 자가 준공기한(기한을 연장한 경우에는 그 기한)이 지난 후 몇 일이 지날 때까지 준공신고를 마치지 아니한 경우에 무선국의 개설허가를 취소할 수 있는가?
   ① 20일
   ② 30일
   ③ 40일
   ④ 50일

10. 다음 중 전파형식의 등급표시에서 기본 특성이 아닌 것은?
    ① 주반송파의 변조형식
    ② 주반송파를 변조시키는 신호의 특성
    ③ 신호의 항목
    ④ 송신할 정보의 형태

11. 다음 중 무선국 검사 시 허가 또는 신고사항 등과 일치 하는지 여부를 대조·확인하는 대조검사 항목에 포함되지 않는 것은?
   ① 시설자
   ② 설치장소
   ③ 무선종사자 배치
   ④ 안테나공급전력

12. 전자파가 인체에 미치는 영향을 고려하여 무선설비 등에서 발생하는 전자파에 대한 기준을 정하여 고시하는 사항과 관계없는 것은?
   ① 전자파 인체보호기준
   ② 전자파 강도 측정기준
   ③ 전자파 흡수율 측정기준
   ④ 전자파 인체내성 측정기준

13. 다음 중 무선국 개설허가의 유효기간으로 옳은 것은?
   ① 이동국 및 육상국 : 5년
   ② 실험국 및 실용화시험국 : 4년
   ③ 일반지구국 및 항공지구국 : 3년
   ④ 방송국 및 유선방송국 : 2년

14. 다음 중 무선국 재허가 시 무선국 허가사항을 재지정할 수 있는 사항이 아닌 것은?
   ① 전파의 형식
   ② 무선국의 목적
   ③ 안테나공급전력
   ④ 운용허용시간

15. 전파형식의 등급표시에 있어 기본 특성의 셋째 기호(송신할 정보형태) 중 '전화'를 나타내는 문자는?
   ① A
   ② C
   ③ E
   ④ F

16. 다음 중 수신설비가 충족하여야 할 조건으로 옳지 않은 것은?
   ① 선택도가 적을 것
   ② 감도는 낮은 신호입력에서도 양호할 것
   ③ 내부잡음이 적을 것
   ④ 수신주파수는 운용범위 이내일 것

17. 항공기에 대하여 그 착륙강하 직전 또는 착륙강하 중에 수평과 수직의 유도를 주고, 정점에서 착륙기준점까지의 거리를 표시하는 무선항행방식을 무엇이라 하는가?
   ① 전방향표지시설(VOR)
   ② 계기착륙시설(ILS)
   ③ 로칼라이저
   ④ 마아커비콘

18. 다음 중 국제민간항공기구에서 정한 국제항공통신업무의 분류로 옳지 않은 것은?
   ① 항공고정업무
   ② 항공이동업무
   ③ 항공무선항행업무
   ④ 항공무선측위업무

19. 항공기의 서면 또는 자동의 전기통신일지의 보존기간으로 옳은 것은?
   ① 최소 30일 동안
   ② 최소 60일 동안
   ③ 최소 180일 동안
   ④ 최소 1년 동안

20. 다음 중 무선전화를 사용하는 항공기국의 식별표시로 옳지 않은 것은?
   ① 장소의 지리적 명칭과 무선국의 기능을 표시하는 단어의 조합
   ② 항공기의 소유자를 표시하는 단어를 전치한 호출부호
   ③ 항공기에 할당된 공식 등록기호에 상당하는 글자의 조합
   ④ 정기항공로를 표시하는 단어와 그 다음에 이어지는 항공편 식별번호

[2018년 1차]

정답: ③④④②② / ③②①②③ / ④④①②③ / ①②④①①

[2017년 1차]

1. 다음 중 무선측위업무가 아닌 것은?
   ① 무선표지업무
   ② 무선항행업무
   ③ 표준주파수업무
   ④ 무선탐지업무

2. 국제항공고정무선통신망에 속하는 항공고정국에서 취급하는 제1순위 통보에 붙이는 약어는?
   ① "SS"
   ② "DD"
   ③ "GG"
   ④ "KK"

3. 다음 중 전파법에서 규정하는 시설자의 정의로 맞는 것은?
   ① 무선국의 허가를 신청하는자
   ② 무선설비를 조작하고 운용하는 자
   ③ 미래창조과학부장관으로부터 기술자격증을 받은자
   ④ 미래창조과학부장관으로부터 무선국의 개설허가를 받거나 개설 신고를 하고 무선국을 개설한 자

4. 의무항공국의 무선설비 성능유지를 확인하여야 하는 주기로 옳은 것은?
   ① 500시간 사용할 때마다 1회 이상 확인
   ② 1,000시간 사용할 때마다 1회 이상 확인
   ③ 1,500시간 사용할 때마다 1회 이상 확인
   ④ 2,000시간 사용할 때마다 1회 이상 확인

5. 다음 중 항공이동업무 통신에 있어 우선순위가 가장 하위인 것은?
   ① 기상통보에 관한 통신
   ② 조난통신
   ③ 무선방향탐지에 관한 통신
   ④ 긴급통신

6. 항공기국이 무선전화통신으로 무선방향탐지국에 대하여 방위측정용 부호를 송신하고자 하는 경우 송신순서로 맞는 것은?
   ① 자국의 호출부호 - 각 10초간의 2선 - 자국의 호출부호
   ② 상대국의 호출부호 - 각 10초간의 2선 - 자국의 호출부호
   ③ 자국의 호출부호 - 각 20초간의 2선 - 상대국의 호출부호
   ④ 상대국의 호출부호 - 각 20초간의 2선 - 자국의 호출부호

7. 전파를 이용하여 모든 종류의 기호, 신호, 문언, 영상, 음향 등의 정보를 보내거나 받는 것을 무엇이라 하는가?
   ① 전파통신
   ② 무선통신
   ③ 종합통신
   ④ 다중통신

8. 항공업무용 단파이동통신시설(HF Radio)의 HF 반송파의 주파수대는?
   ① 2.2[MHz] ~ 18[MHz]
   ② 2.2[MHz] ~ 22[MHz]
   ③ 2.8[MHz] ~ 18[MHz]
   ④ 2.8[MHz] ~ 22[MHz]

9. 의무항공기국의 예비전원은 항공기의 항행안전을 위하여 필요한 무선설비를 몇 분 이상 동작시킬 수 있는 성능을 가져야 하는가?
   ① 10분
   ② 20분
   ③ 30분
   ④ 40분

10. 항공교통관제에 관한 통신을 하는 항공국과 항공기국용 무선설비의 주파수 전환은 28[MHz] 이하의 주파수대에서 최대 몇 초 이내로 할 수 있어야 하는가?
    ① 30초
    ② 20초
    ③ 8초
    ④ 5초

11. 항공기용 구명무선설비의 안테나공급전력의 허용편차로 맞는 것은?
   ① 상한 50[%] 하한 20[%]
   ② 상한 50[%] 하한 50[%]
   ③ 사항 10[%] 하한 20[%]
   ④ 사항 20[%] 하한 50[%]

12. 30[MHz] 초과 300[MHz] 이하의 주파수대를 표시하는 약어는?
   ① VHF
   ② SHF
   ③ UHF
   ④ HF

13. 무선국 운용을 휴지하고자 하는 경우 미래창조과학부장관에게 신고하여야 하는 휴지기간은?
   ① 4개월 이상
   ② 3개월 이상
   ③ 2개월 이상
   ④ 1개월 이상

14. 무선국을 개설하고자 하는 자는 누구에게 허가를 얻어야 하는가?
   ① 산업자원부장관
   ② 미래창조과학부장관
   ③ 국립전파연구원장
   ④ 국토교통부장관

15. 다음 중 무선국 검사 시 성능검사 항목이 아닌 것은?
   ① 설치장소
   ② 안테나공급전력
   ③ 불요발사
   ④ 점유주파수대폭

16. 다음 중 미래창조과학부장관이 무선국의 허가를 취소할 수 있는 경우가 아닌 것은?
   ① 정당한 사유 없이 계속하여 3개월 동안 무선국의 운용을 휴지한 경우
   ② 부정한 방법으로 무선국의 허가를 받은 경우
   ③ 개설허가 받은 항공국을 준공검사 받지 않고 운용한 경우
   ④ 전파사용료를 납부하지 아니한 경우

17. 의무항공기국의 A3E 전파 118[MHz] 내지 136.975[MHz]의 주파수대 전파를 사용하는 송신설비의 안테나 공급전력은 몇 [W] 이상이어야 하는가?
   ① 2[W]
   ② 5[W]
   ③ 10[W]
   ④ 50[W]

18. 다음 중 ITU(국제전기통신연합)의 목적이 아닌 것은?
   ① 전기통신의 개선과 합리적 이용을 위한 회원국간의 국제협력의 유지 및 증진
   ② 전기통신분야에서 개발도상국에 대한 기술지원의 장려 및 제공
   ③ 평화적 관계를 증진할 목적으로 하는 전기통신업무의 이용제한
   ④ 일반대중에 의한 이용보급을 위한 기술설비의 개발 촉진

19. 국제전파규칙(RR)에서 규정한 무선전화의 안전신호는?
   ① PAN
   ② MAYDAY
   ③ SAFETY
   ④ SECURITE

20. 다음 중 안전한 전파환경을 조성하기 위한 시책이 아닌 것은?
   ① 전파 이용을 다각화를 위한 홍보 계획 수립 및 시행
   ② 전자파가 인체에 미치는 영향 등 보호대책의 수립, 추진
   ③ 기자재 보호를 위한 전자파적합성에 관한 정책의 수립, 추천
   ④ 전자파 인체흡수율, 전자파강도 및 전파환경 등에 대한 관련 기준 마련 기초전파공학

[2017년 1차]

정답: ③①④②① / ①②④③① / ①①④②① / ①①③④①

[2016년 1차]

1. 특정한 주파수를 이용할 수 있는 권리를 특정인에게 부여하는 것을 무엇이라 하는가?
   ① 주파수지정
   ② 주파수배치
   ③ 주파수할당
   ④ 주파수분배

2. 시설자가 무선설비의 효율적 이용을 위하여 필요한 경우 미래창조과학부장관의 승인을 얻어 할 수 있는 사항이 아닌 것은?
   ① 무선설비의 일부 매각
   ② 무선설비의 임대
   ③ 무선설비의 위탁운용
   ④ 무선설비의 공동사용

3. 다음 중 전파사용료 면제대상 무선국이 아닌 것은?
   ① 아마추어국
   ② 실용화 시험국
   ③ 비상국
   ④ 시보국

4. 다음 중 전파사용료의 부과 기준기간은?
   ① 분기별
   ② 반기별
   ③ 매월
   ④ 연도별

5. 항공이동업무국의 운용에서 책임항공국이 항공기국에 대하여 통신연락을 설정할 수 없는 경우의 일방송신 방법으로 틀린 것은?
   ① 책임항공국은 통신연락설정을 일방적으로 통보를 송시할 수 있다.
   ② 인근 책임항공국은 당해 항공기국과 최후로 사용한 전파로 일방적으로 송신할 수 있다.
   ③ 항공기국은 수신설비의 고장으로 책임항공국과 연락설정을 할 수 없는 경우 책임항공국에서 지시된 전파로 일방송신을 할 수 없다.
   ④ 항공기국이 일방송신을 행하는 때에는 "수신설비의 고장으로 인한일방송신" 등 약어를 먼저 보내고 행하는 그 통보를 반복하여 송신하여야 한다.

6. 전파법을 위반하여 금고 이상의 실형을 선고 받고 그 집행이 종료된 날부터 최소 몇 년이 경과하여야 무선국을 개설할 수 있는가?
   ① 1년 6개월
   ② 2년
   ③ 2년 6개월
   ④ 3년

7. 항공기에 개설하여 항공이동위성업무를 행하는 이동지구국은?
   ① 항공국
   ② 항공기국
   ③ 항공지구국
   ④ 항공기지구국

8. 최초로 정기검사를 받는 무선국의 정기검사 유효기간의 기산일은 언제부터인가?
   ① 준공검사증명서를 발급 받은 날
   ② 준공신고서를 제출한 날
   ③ 준공검사증명서를 발급 받은 다음날
   ④ 무선국 허가증을 발급 받은 다음날

9. 다음 중 조난통보의 수신증을 송신한 항공국의 조치로 잘못된 것은?
   ① 항공교통의 관리기관에 통지한다.
   ② 조난항공기의 구조기관에 통지한다.
   ③ 기상원조국에 통지한다.
   ④ 조난항공기국의 최후에 사용한 주파수의 전파를 청취한다.

10. 신고하고 개설할 수 있는 무선국에 해당하는 것은?
    ① 방송사 소속 기지국
    ② 어선의 선박국
    ③ 지방자치단체 소속 기지국
    ④ 이동통신(셀룰러, PCS, IMT2000) 기지국 및 이동중계국

11. 다음 중 121.5[MHz] 주파수를 사용 할 수 있는 경우가 아닌 것은?
    ① 급박한 위험상태에 있는 항공기국과 항공기국간의 통신
    ② 안전을 요하는 경우의 통신
    ③ 수색과 구조작업에 종사하는 항공기의 항공기국 상호간 통신
    ④ 121.5[MHz] 외의 주파수를 사용할 수 없는 항공기국과 항공국간의 통신

12. 항공국은 항공고정업무를 경유하여 전송된 통보로서 무선전화에 의하여 항공기국에 송신하는 것에 대하여는 당해 통보를 구성한 순서가 맞는 것을 고르시오.
   ① 본문-"FROM"(구문인 경우에 한한다)-발신인의 명칭과 소재지명
   ② 호출-발신인의 명칭과 소재지명
   ③ 본문-호출-발신인의 명칭과 소재지명
   ④ 본문-수신인 명칭- 발신인의 명칭과 소재지명

13. 다음 중 항공이동업무에 있어서 통신의 우선순위가 올게 나열된 것은?
   ① 조난통신 – 기상통보에 관한 통신 – 무선방향탐지에 관한 통신
   ② 조난통신 – 긴급통신 – 무선방향탐지에 관한 통신
   ③ 조난통신 – 기상통보에 관한 통신 – 항공기 안전운항에 관한 통신
   ④ 조난통신 – 항공기 안전운항에 관한 통신 – 긴급통신

14. 무선국의 개설허가를 받은 시설자는 준공기한의 연장신청을 최대 얼마 까지 할 수 있는가?
   ① 6개월
   ② 1년
   ③ 1년 6개월
   ④ 2년

15. 항공기국은 당해 무선국에 설치되어 있는 각종 무선설비를 충분히 운용할 수 있고 해당 국가기술자격을 갖춘 1명을 배치하여야 한다. 이에 해당되지 않는 자격 종목은?
   ① 전파전자통신기사
   ② 육상무선통신사
   ③ 전파전자통신산업기사
   ④ 항공무선통신사

16. 다음 중 ITU(국제전기통신연합)의 공식어가 아닌 것은?
   ① 독일어
   ② 러시아어
   ③ 스페인어
   ④ 아랍어

17. 전파규칙(RR)에서 항공기국의 발사주파수는 누구에 의하여 검사되어야 한다고 규정되어 있는가?
   ① 항공기국의 통신사
   ② 항공기국을 관할하는 검사기관
   ③ 항공기국을 관장하는 항공국
   ④ 항공기국의 시설자

18. 다음 중 'ICAO'를 의미하는 국제기구는?
   ① 국제민간위성기구
   ② 국제해사위성기구
   ③ 국제민간항공기구
   ④ 국제전기통신위성기구

19. 항공기국의 무선통신업무에 종사하는 자가 조난통신을 수신하고 즉시 응답하지 않거나 구조를 위한 조치를 하지 아니하고 지연시킨 경우 벌칙은?
   ① 1년 이상 15년 이하의 징역
   ② 10년 이하의 징역 또는 1억원 이하의 벌금
   ③ 5년 이하의 징역 또는 5천만원 이하의 벌금
   ④ 3년 이하의 징역 또는 3천만원 이하의 벌금

20. 다음 중 비상사태가 발생한 경우 미래창조과학부장관이 무선국에 대하여 취할 수 있는 조치가 아닌 것은?
   ① 무선국의 개설허가 취소
   ② 무선국의 위탁운용 명령
   ③ 무선국의 운용정지 명령
   ④ 무선국의 변경 명령

[2016년 1차]

정답: ③①②①③ / ④④①③④ / ②①②②② / ①②③②②

[2015년 4차]

1. 다음 중 전파법에서 규정하는 시설자의 정의로 맞는 것은?
   ① 무선국의 허가를 신청하는 자
   ② 무선설비를 조작하고 운용하는 자
   ③ 미래창조과학부장관으로부터 기술자격증을 받은 자
   ④ 미래창조과학부장관으로부터 무선국의 개설허가를 받거나 개설신고를 하고 무선국을 개설한 자

2. 시설자가 무선국의 무선설비를 타인에게 임대하고자 할 때 미래창조 과학부장관에게 제출하여야 하는 서류는?
   ① 무선설비 임대승인신청서
   ② 무선설비 임태차계약서
   ③ 무선설비 임대사실확인서
   ④ 무선설비 임대요청서

3. 항공기용 구명무선설비의 공중선전력의 허용편차로 맞는 것은?
   ① 상한 50[%] 하한 20[%]
   ② 상한 50[%] 하한 50[%]
   ③ 상한 10[%] 하한 20[%]
   ④ 상한 20[%] 하한 20[%]

4. 대가할당 받은 주파수의 경우 미래창조과학부장관은 주파수의 이용여건 등을 고려하여 얼마의 범위내에서 이용기간을 정하여 고시하는가?
   ① 3년
   ② 10년
   ③ 20년
   ④ 30년

5. 다음 중 항공기국이 무선전화통신으로 무선방향탐지국에 대하여 방위측정용 부호를 송신하고자 하는 경우 송신순서로 맞는 것은?
   ① 자국의 호출부호 - 각 10초간의 2선 - 자국의 호출부호
   ② 상대국의 호출부호 - 각 10초간의 2선 - 자국의 호출부호
   ③ 자국의 호출부호 - 각 20초간의 2선 - 상대국의 호출부호
   ④ 상대국의 호출부호 - 각 20초간의 2선 - 자국의 호출부호

6. 다음 중 무선측위업무가 아닌 것은?
   ① 무선방향탐지업무
   ② 무선항행업무
   ③ 표준주파수업무
   ④ 무선탐지업무

7. 주파수할당을 받은 자가 주파수이용기간이 만료되어 주파수재할당을 받으려면 주파수이용기간 만료 몇 개월 전에 신청하여야 하는가?
   ① 1개월
   ② 2개월
   ③ 6개월
   ④ 8개월

8. 의무항공기국의 무선설비 성능유지를 확인하여야 하는 주기로 옳은 것은?
   ① 500시간 사용할 때 마다 1회 이상 확인
   ② 1,000시간 사용할 때 마다 1회 이상 확인
   ③ 1,500시간 사용할 때 마다 1회 이상 확인
   ④ 2,000시간 사용할 때 마다 1회 이상 확인

9. 항공국의 허가유효기간 만료일 도래 시 재허가 신청기간은?
   ① 허가의 유효기간 만료 전 1개월 이상 2개월 이내
   ② 허가의 유효기간 만료 전 1개월 이상 4개월 이내
   ③ 허가의 유효기간 만료 전 2개월 이상 4개월 이내
   ④ 허가의 유효기간 만료 전 2개월 이상 6개월 이내

10. 항공고정업무국의 운용에서 수신상태의 불량으로 통신연락을 설정할 수 없는 경우에 통신연락을 설정하기 위하여 수송방식에 의해 송신하는 방법으로 올바른 것은?
    ① "O" 적의 연속 - 자국의 호출부호 1회
    ② "S" 적의 연속 - 자국의 호출부호 1회
    ③ "V" 적의 연속 - 자국의 호출부호 1회
    ④ "X" 적의 연속 - 자국의 호출부호 1회

11. 항공고정업무국의 운용에 있어 '통보의 구성' 요소가 아닌 것은?
    ① 통보의 우선순위
    ② 수신부서명
    ③ 발신부서명
    ④ 상대국의 식별표지

12. 다음 중 한국방송통신전파진흥원에서 검사를 실시하는 무선국이 아닌 것은?
   ① 한국방송공사 소속 고정국
   ② 소방서 소속 육상이동국
   ③ 공기업 소속 고정국
   ④ 이동통신사업자 이동중계국

13. 다음 중 운용의무시간 외에 의무항공기국을 운용할 수 있는 경우가 아닌 것은?
   ① 통신연락 수단이 없는 경우 긴급한 통보를 항공이동업무국에 송신하는 경우
   ② 무선국 검사에 필요한 경우
   ③ 항행 준비 중인 경우
   ④ 항공기 보안사무에 관한 통신을 하는 경우

14. 수색구조에 종사하는 항공기에 있어서 장거리 취항 비행을 행하는 항공기국이 사용하는 주파수로 맞는 것은?
   ① 108[MHz]
   ② 156.8[MHz]
   ③ 156.252[MHz]
   ④ 243.0[MHz]

15. 기술자격검정에 관하여 부정행위가 있을 때에 부정행위자에 대하여 취할 수 있는 제재 조치가 아닌 것은?
   ① 당해 행위자에 대하여 그 검정을 정지함
   ② 당해 행위자에 대하여 합격을 무효로 함
   ③ 당해 행위자에 대하여 벌금을 부과함
   ④ 기간을 정하여 기술자격검정을 받지 못하게 함

16. 항공기국이 해상이동업무를 하는 무선국과 통신할 경우 통상 어느 업무와 관련된 규정에 따라야 하는가?
   ① 항공이동업무의 규정
   ② 해상이동업무의 규정
   ③ 이동업무에 대한 국제 규정
   ④ 국제민강항공 관련 규정

17. 국제전파규칙(RR)에서 규정한 무선전화의 안전신호는?
   ① PAN
   ② MAYDAY
   ③ SAFETY
   ④ SECURITE

18. 다음 중 RR에서 규정하는 무선전화통신사 자격증에 해당하는 것은?
   ① 무선전화통신사 임시자격증
   ② 무선전화통신사 일반자격증
   ③ 무선전화통신사 1급 자격증
   ④ 무선전화통신사 2급 자격증

19. 항공기의 운행업무에 제공되는 무선국의 무선설비 기능에 장해를 주어 무선통신을 방해한 자에 대한 벌칙은?
   ① 1년 이하의 징역
   ② 3년 이하의 징역 또는 2,000만원 이하의 벌금
   ③ 5년 이하의 징역 또는 3,000만원 이하의 벌금
   ④ 10년 이하의 징역 또는 1억원 이하의 벌금

20. 「대한민국 헌법」 또는 「대한민국 헌법」에 따라 설치된 국가기관을 폭력으로 파괴할 것을 주장하는 통신을 한 자에 대한 벌칙은?
   ① 3년 이하의 징역 또는 1,000만원 이하의 벌금
   ② 1년 이상 15년 이하의 징역
   ③ 5년 이하의 징역 또는 5,000만원 이하의 벌금
   ④ 5년 이상의 징역 또는 금고

[2015년 4차]

정답: ④①①③① / ③③②③③ / ④①④④③ / ②④②④②

[2015년 1차]

1. 전파의 전파특성을 이용하여 위치·속도 및 기타 사물의 특징에 관한 정보를 취득하는 것을 무엇이라 하는가?
   ① 무선탐지
   ② 무선측위
   ③ 무선항행
   ④ 무선방향탐지

2. 다음 중 무선방위측정장치의 설치장소로부터 1km 이내의 지역에 미래참조과학부장관의 승인 없이도 건설할 수 있는 것은?
   ① 송신공중선
   ② 철도 및 궤도
   ③ 양각 3도 미만의 건물
   ④ 수신공중선

3. 항공기가 활주로에 착륙하고자 할 때 활주로부터 떨어진 거리정보를 항공기에 제공하는 무선설비는?
   ① 로칼라이저
   ② 글라이드패스
   ③ 마아커비콘
   ④ 전방향표지시설(VOR)

4. 항공기국의 A3E저파 118MHz부터 136.975MHz까지의 주파수대를 사용하는 무선설비의 변조방식은?
   ① 진폭변조
   ② 주파수변조
   ③ 위상변조
   ④ 혼합변조

5. 국제항공고정 무선 통신 당에 속하는 항공고정 국이 취급하는 통보에서 통신의 우선 순위를 나타내 는 약어로 옳지 않은 것은?
   ① 제1순위 : "SS"
   ② 제2순위 : "DD" 또는 "FF"
   ③ 제3순위 : "GG" 또는 "KK"
   ④ 제4순위 : "TT"

6. 다음 중 우선국의 기기 대치 시 변경허가를 받아야 하는 무선기기는?
   ① 간이무선숙의 무선설비기기
   ② 라디오부이
   ③ 주파수 측정장치
   ④ 비상국의 무선설비기기

7. 시설자의 지위를 승계하기 위해 미래창조과학부장관 또는 방송통신위원회의 인가를 받아야 하는 경우는?
   ① 시설자가 사업을 양도하면서 그 사업과 관련된 무선국을 양도한 경우의 양수인
   ② 시설자가 사망한 경우의 상속인
   ③ 무선국이 있는 선박의 소유권 이전에 의하여 선박을 운항하는 자가 변경된 경우에 해당 선박을 운항하는 자
   ④ 무선국이 있는 항공기의 임대차계약에 의하여 항공기를 운항하는 자가 변경된 경우에 해당 항공기를 운항하는 자

8. 의무항공기국의 무선설비는 그 송신장치의 출력과 변조도, 수신장치의 감도와 선택도에 대하여 무선설비규칙에서 정한 성능의 유지여부를 얼마의 사용기간에 따라 1회 이상 확인하여야 하는가?
   ① 1천시간
   ② 2천시간
   ③ 3천시간
   ④ 4천시간

9. 다음 중 항공기국이 항공국과 무선전화에 의한 시험통신에 행할 때 가장 먼저 송신하는 것은?
   ① 상대국의 호출부호
   ② 자국의 호출부호
   ③ 사용하고 있는 주파수
   ④ 명료도

10. 국가보안법을 위합하여 급고 이상의 형을 선고 받고 그 집행이 끝나거나 집행을 받지 아니하기로 확정된 무선종사자는 몇 년 경과 후 무선국에 배치할 수 있는가?
    ① 1년
    ② 2년
    ③ 3년
    ④ 5년

11. 선박국과 협동 수색 및 구조작업에 종사하고 있는 항공기국 간의 통신에 사용할 수 있는 주파수는?
    ① 156.3 MHz
    ② 4.125 kHz
    ③ 2.183 kHz
    ④ 500 kHz

12. 다음 중 외국인이 개설할 수 있는 무선국이 아닌 것은?
    ① 실험국
    ② 공중통신업무를 위한 고정국
    ③ 항공법에 의한 허가를 받아 국내항공에 사용되는 항공기의 무선국
    ④ 국내에서 열리는 국제적 행사를 위하여 필요한 경우 그 기간에만 미래창조과학부장관이 허용하는 무선국

13. '항공이동위성업무'란 무엇인가?
    ① 선박에 설치된 이동지구국이 행하는 이동위성업무이다.
    ② 항공기에 설치된 이동지구국이 행하는 무선항해위성업무이다.
    ③ 차량에 설치된 이동지구국이 행하는 이동위성업무이다.
    ④ 항공기에 설치된 이동지구국이 행하는 이동위성업무이다.

14. 항공기국이 항행 중 또는 항행 준비 중에 허가증에 기재된 사항의 범위 외에 운용할 수 있는 경우가 아닌 것은?
    ① 기상의 조회 또는 시각의 조합을 위하여 행하는 항공국과 항공기국 간의 통신
    ② 항공기국에서 그 시설자의 업무를 위한 전보를 항공국에 보내기 위하여 행하는 통신
    ③ 동일한 시설자에 속하는 항공기국과 이동업무의 무선국 간에 행하는 시급하지 않은 통신
    ④ 비상통신의 통신체제 확보를 위한 훈련목적의 통신

15. 항공국의 의무청취 및 지정청취 주파수가 아닌 것은?
    ① 121.5 MHz
    ② 2.850 kHz부터 17.970 kHz 까지의 당해 무선국에 지정된 주파수
    ③ 117.975 MHz부터 137 MHz 까지의 당해 무선국에 지정된 주파수
    ④ 243 MHz

16. 다음 중 무선국 정기검사에 관한 설명으로 옳지 않은 것은?
    ① 5년의 범위 내에서 실시한다.
    ② 비영리 목적의 방송국은 정기검사의 면제가 가능하다.
    ③ 정기검사는 대조검사와 성능검사로 구분하여 실시한다.
    ④ 미래창조과학부장관이 무선국별로 기간을 정하여 실시한다.

17. 다음 중 항공기가 책임항공국으로부터 조난통신에 사용하는 전파를 지시받지 못한 경우에 행할 수 있는 조난통신용 주파수로 적절하지 않은 것은?
    ① 156.8 MHz
    ② 2.182 kHz
    ③ 500 kHz
    ④ 145 MHz

18. 국제전파규칙(RR)에 따라 항공기국 검사를 실시한 경우 무선국 검사관은 자신의 검사결과를 누구에게 알려야 하는가?
    ① 항공기의 기장
    ② 항공기 소유자
    ③ 항공기 관할 검사기관
    ④ 항공기의 통신사

19. 다음 중 양벌규정에 해당하지 않는 경우는?
    ① 허가를 받아야 할 무선국을 허가 없이 개설한 경우
    ② 운용정지 명령을 받은 무선국을 운용한 경우
    ③ 무선국에 대한 검사, 조사 또는 시험을 거부한 경우
    ④ 조난이 없음에도 무선설비에 의하여 조난통신을 말하는 경우

20. 다음 중 정당한 사유 없이 계속하여 6개월 이상 무선국의 운용을 휴지한 경우 미래창조과학부장관이 취할 수 있는 조치는?
    ① 무선종사자 기술자격의 정지
    ② 무선국의 운용정지
    ③ 무선국의 운용제한
    ④ 무선국 개설허가의 취소

[2015년 1차]

정답: ②③③①④ / ④①①①④ / ①②④③④ / ②④①④④

II 영어

[2022년 1차]

51. "반송주파수 2,182[kHz]는 <u>무선전화용 국제조난주파수이다</u>."에서 밑줄 친 부분에 대한 영문표현으로 가장 적합한 것은
① An international distress frequency for radiotelegraphy
② An international emergency frequency for radiotelegraphy
③ An international emergency frequency for radiotelephony
④ An international distress frequency for radiotelephony

52. ICAO 규정에서 정의한 다음의 용어는 무엇을 나타내는가?

An aeronautical telecommunication station having primary responsibility for handing communications pertaining to the operation and control of aircraft in a given area

① Air control radio station
② Ground control radio station
③ Land station
④ Air-ground control radio station

53. 다음 문장의 괄호 안에 들어갈 알맞은 것은

( ) indicates that a ship or other vehicle is threatened by grave and imminent danger and request immediate assistance.

① Distress signal
② Emergency request
③ Transmission signal
④ Call sign

55. 약어 "QDM"의 올바른 해석은 다음 중 무엇인가
① Magnetic Heading(zero wind)
② Atmospheric pressure at aerodrome elevation
③ Atmospheric pressure at mean sea level
④ Altimeter sub-scale setting

56. Which of the following is not true?
① "TCAS" is an abbreviation for "Traffic Alert and Collision Advance System"
② "ACARS" is an abbreviation for "ARNIC communications addressing and reporting system"
③ "ILS" is an acronym for "Instrument Landing System"
④ "ATC" is an acronym for "Air Traffic Control"

58. 다음 중 용어의 기능이 가장 적합하게 설명된 것은
① "DME" providing only azimuth information.
② "TACAN" providing only distance information.
③ "DME" providing distance and azimuth information.
④ "TACAN" providing distance and azimuth information.

68. 다음 문장이 설명하는 무선국은

A land station in the aeronautical mobile service.

① Base station
② Aircraft station
③ Space station
④ Aeronautical station

69. 다음 문장의 뜻으로 알맞은 것은?

Inspectors have the right to require the production of the operator's certificated, but proof of professional knowledge may not be demanded.

① 검사관은 통신사의 자격증 제시를 요구할 수 없으나 직무에 관한 전문지식의 입증을 요구할 수 있다.
② 검사관은 통신사의 자격증 제시를 요구할 수 있으나 직무에 관한 전문지식의 입증을 요구할 수 없다.
③ 검사관은 통신사의 자격증 제시를 요구하였지만 직무에 관한 전문지식을 입증할 수 없었다.
④ 검사관은 통신사의 자격증 제시를 요구하였고 직무에 관한 전문지식을 입증하였다.

[2022년 1차]

정답: ④④①①① / ④④②

[2021년 4차]

51. ICAO 규정에서 정의한 다음의 용어는 무엇을 나타내는가?

An aeronautical telecommunication station having primary responsibility for handing communications pertaining to the operation and control of aircraft in a given area.

① Air control radio station
② Ground control radio station
③ Land station
④ Air-ground control radio station

52. 다음 문장의 밑줄 친 부분에 들어갈 내용으로 알맞은 것은?

Altitude expressed in feet measured above ground level is abbreviated as (   ).

① MSL
② QNH
③ QFE
④ AGL

55. 다음 문장의 괄호 안에 들어갈 알맞은 것은?

When (   ) does not reply to a call sent three times at invervals of two minutes, the calling shall cease and shall not be renewed until after an interval of fifteen minutes.

① a station to call
② a station called
③ a station calling
④ a station to be calling

56. 다음 문장의 밑줄 친 부분에 들어갈 단어를 순서대로 나열한 것은?

Urgency communications have priority over all other communications except (   ), and the word (   ) warns other stations not to interfere with urgency transmissions.

① distress, PAN PAN
② distress, MAYDAY
③ emergency, PAN PAN
④ emergency, MAYDAY

57. 다음 문장의 밑줄 친 부분에 알맞은 것은?

Any radio frequency from 30[MHz] to 300[MHz] is defined as ( ).

① Low Frequency
② Medium Frequency
③ High Frequency
④ Very High Frequency

58. 다음 문장의 괄호 안에 들어갈 가장 적당한 것은?

Of all kinds of traffic, ( ) is more important than the distress traffic.

① non
② none
③ nobody
④ nothing

67. 다음 문장의 밑줄 친 부분에 알맞은 것은

The runway orientation is made so that landing and take off are ( ).

① none of these
② along the wind direction
③ against the wind direction
④ perpendicular to wind direction

69. 다음 문장의 밑줄 친 단어와 같은 의미를 가지는 것은

The air traffic controller announced the arrival of the flight.

① Landing
② Captain
③ Leaving
④ Number

[2021년 4차]

정답: ④④②①④ / ④③①

[2021년 1차]

51. 조난신호에 관한 ICAO 규정으로 옳지 않은 것은

① A distress message sent via data link which transmits the intent of the word "MAYDAY".
② A radiotelephony distress signal consisting of the spoken word "MAYDAY"
③ A parachute flare showing a green light.
④ A signal made by radiotelegraphy or by any other signaling method consisting of the group "SOS"

55. 다음 문장은 어떤 용어에 대한 설명인가

The pilot designated by the operator, or in the case of general aviation, the owner, as being in command and charged with the safe conduct of a light.

① Captain
② Pilot-in-command
③ Second-in-command
④ Copilot

57. 다음 밑줄 친 곳에 알맞은 것은

"Approach Sequence" us the order (　　) two or more aircraft are cleared to approach to land at the aerodrome.

① about which
② what
③ that
④ in which

58. 다음은 어떤 용어에 대한 설명인가

The vertical distance of a point or a level, on or affixed to the surface of the earth, measured from mean sea level.

① Elevation
② Altitude
③ Height
④ Flight Level

59. 다음 문장의 괄호 안에 들어갈 가장 알맞은 것은

The urgency signal has priority (　) all other communications except distress.

① in
② under
③ at
④ over

66. 다음 문장이 설명하는 무선국은

A land station in the land mobile service.

① Space station
② Base station
③ Fixed
④ Aircraft staion

68. 다음 문장에서 설명하는 항공용어는 무엇인가

A set rules governing the conduct of flight under instrument meteorological conditions.

① Visual Flight Rules
② Instrument Flight Rules
③ Instrument Departure Procedure
④ Standard Insrument Departure

69. 다음 문장의 밑줄 친 부분에 알맞은 것은

Altitude in aciation is measured in (　).

① Feet
② Miles
③ Inches
④ Kilometers

[2021년 1차]

정답: ③②④①④ / ②②①

[2020년 4차]

51. 다음 문장의 괄호 안에 들어갈 수준에 해당하는 것은?

The language proficiency of aeroplane and helicopter pilots required to use the radiotelephone aboard an aircraft who demonstrate proficiency below the Expert Level (　) shall be formally evaluated at intervals in accordance with an individual's demonstrated proficiency level.

① 3
② 4
③ 5
④ 6

52. ICAO에서 정의한 다음의 용어는 무엇을 나타내는가?

A designated route along which air traffic advisory service is available.

① Advisory Airspace
② Advisory Traffic
③ Advisory Flight
④ Advisory Route

53. 다음 문장의 괄호 안에 들어갈 장비의 명칭으로 알맞은 것은

Aircraft on long over-water flights, or on flight over designated areas over which the carriage of an (　) is required, shall continuously guard the VHF emergency frequency 121.5 [MHz].

① VOR
② SSR
③ ELT
④ ADS-B

54. "The urgency signal shall have priority over all other communications, except distress."의 올바른 해석은

① 긴급신호가 어느 신호보다 최우선한다.
② 긴급신호보다 안전신호가 우선한다.
③ 긴급신호보다 조난신호가 우선한다.
④ 긴급신호와 조난신호의 우선순위는 같다.

56. 다음 중 밑줄친 부분에 알맞은 것은?

The number of degrees of roll around the longitudinal axis of the airplane is called (   ).

① Angle of attack
② Angle of incidence
③ Angle of bank
④ Pitch angle

66. 다음 문장의 괄호 안에 알맞은 것은?

For the allocation of frequencies the world has been divided into (   ) regions.

① One
② Two
③ Three
④ Four

67. 다음 문장에서 설명하는 항공용어는 무엇인가

A ground-based electronic navigation aid transmitting very high frequency navigation signals, 360 degrees in azimuth, oriented from magnetic north.

① ASR
② TACAN
③ ILS
④ VOR

68. Which part of an airplane can control .its motion to the right and the left?

① flap
② A rudder
③ An elevator
④ All of these

69. 다음 내용이 설명하는 항공용어는 무엇인가

A level maintained during a significant portion of a flight.

① VFR level
② Cruise level
③ Maximum level
④ Vectoring level

[2020년 4차]

정답: ④④③③③ / ③④②②

[2019년 4차]

51. 다음 괄호 안에 들어갈 가장 적합한 것은?

Aircraft stations in flight maintain service to meet the essential communications needs of the aircraft with respect to ( ) of flight.

① safe and regularity
② safe and regular
③ safety and regular
④ safety and regularity

52. 다음 중 문장의 괄호 안에 들어갈 가장 적합한 것은?

All stations which hear the ( ) shall immediately cease any transmission capable of interfering with the distress traffic.

① service call
② emergency call
③ distress call
④ stations call

53. 다음 문장의 괄호 안에 들어갈 가장 알맞은 것은?

The urgency signal has priority ( ) all other communications except distress.

① in
② under
③ at
④ over

55. 다음 문장의 밑줄 친 곳에 알맞은 것은?

A pilot who encounters a distress or urgency condition can obtain assistance simply ( ) the air traffic facility or other agency.

① on contacting
② on contacting with
③ by contacting
④ by contacting to

58. 다음 문장이 의미하는 용어는?

Radiodetermination using the reception of radio waves for the purpose of determining direction of a stations or object.

① Radio direction finding
② Radio bearing
③ Radiotelephony network
④ Radio direction-finding station

67. 전파규칙(RR)의 목적이 아닌 것은?

① To ensure the availability and protection from harmful interference of the frequencies provided for distrss and safety purposes.
② To facilitate the efficient and effective operation of all radio communication services.
③ To develop new technology of radio communication.
④ To assist in the prevention and resolution of cases of harmful interference between the radio services of different administrations.

68. 다음 문장의 밑줄 친 부분에 알맞은 것은?

Altitude in aviation is measured in ( )

① Feet
② Miles
③ Inches
④ Kilometers

69. Most aircraft are based on fixed wings. but which one of these would be rotary wing aircraft?

① Glider

② Airship

③ Aeroplane

④ Helicopter

70. 다음 중 AIR TRAFFIC SERVICE에 포함되지 않는 것은?

① Flight Information service

② Air Traffic Advisory service

③ Air Traffic Control service

④ Flight Detection service

[2019년 4차]

정답: ④③④③① / ③①④④

[2018년 4차]

52. 다음 설명이 나타내는 용어는 무엇인가?

A surveillance technique in which aircraft automatically provide, via a data link, data derived from on-board navigation and position-fixing systems, including aircraft identification, four-dimensional position and additional data as appropriate.

① ADS
② ATIS
③ SSR
④ TIS

53. 다음 문장을 올바르게 해석한 것은?

Administrations are urged to discontinue, in the fixed service, the use of double sideband radiotelephone (class A3E) transmissions.

① 주관청은 고정업무에서 양측파대 무선전화의 전송중지가 촉구된다.
② 주관청은 고정업무에서 단측파대 무선전신의 전송을 중지한다.
③ 주관청은 고정업무에서 양측파대 무선선화의 전송이 장려된디.
④ 주관청은 고정업무에서 단측파대 무선전화의 전송이 장려된다.

55. 다음 문장의 괄호 안에 해당되는 기간은?

Those who demonstrating language proficiency at the Level 5 should be evaluated at least once every ( ).

① Three years
② Four years
③ Five years
④ Six years

57. 다음 문장의 밑줄 친 부분에 들어갈 단어를 순서대로 나열한 것은?

Urgency communications have priority over all other communications except ( ), and the word ( ) warns other stations not to interfere with urgency transmissions.

① distress, PAN PAN
② distress, MAYDAY
③ emergency, PAN PAN
④ emergency, MAYDAY

67. Who is most responsible for collision avoidance in an alert area?
① All pilots
② Air Traffic Control
③ the controlling agency
④ Flight operations manager

68. 다음 문장의 괄호 안에 알맞은 것은?

| The radio spectrum shall be subdiveded into (　) frequency bands. |

① Three
② Six
③ Nine
④ Ten

69. What is the meaning when a steady red light signal is directed from the control tower to someone in the landing area?
① Stop
② Permission to cross landing area or to move onto taxiway
③ Vacate maneuvering area in accordance with local instructions
④ Move off the landing area or taxiway and watch out for aircraft

70. 다음 괄호 안에 들어갈 가장 적절한 것은 무엇인가?

| When activated, an emergency locator transmitter(ELT) transmits on (　　). |

① 118.0 and 118.8 MHz
② 121.5 and 243.0 MHz
③ 123.0 and 119.0 MHz
④ 135.0 and 247.0 MHz

[2018년 4차]

정답: ①①④①① / ③①②

[2018년 1차]

51. 조난신호에 관한 ICAO 규정으로 옳지 않은 것은?

① A distress message sent via data link which transmits the intent of the word "MAYDAY"
② A radiotelephony distress signal consisting of the spoken word "MAYDAY"
③ A parachute flare showing a green light
④ A signal made by radiotelegraphy or by any other signaling method consisting of the group "SOS"

52. 다음 문장의 괄호 안에 들어갈 수준에 해당하는 것은?

The language proficiency of aeroplane and helicopter pilots required to use the radiotelephone aboard an aircraft who demonstrate proficiency below the Expert Level (   ) shall be formally evaluated at intervals in accordance with an individual's demonstrated proficiency level.

① 3
② 4
③ 5
④ 6

53. 다음 중 ICAO규정에서 정의한 용어로 알맞은 것은?

A form of radio communication primarily intended for the exchange of information in the form of speech.

① Radiotelegraph
② Radio station
③ Radiotelephony
④ Radio frequency

54. 다음 문장의 괄호 안에 들어갈 가장 적합한 것은?

Changes of frequency in the sending and receiving apparatus of any mobile station shall be capable of being made (   ).

① as well as possible
② as far as possible
③ as long as possible
④ as rapidly as possible

56. 조난신호에 관한 ICAO 규정으로 괄호 안에 적합한 것은?

A radiotelephony distress signal consisting of the spoken word (   ).

① MAYDAY
② HELP
③ URGENT
④ PAN PAN

57. 다음 문장의 괄호 안에 들어갈 알맞은 내용은?

In radar service, clearance to land or any alternative clearance received from the (   ) or when applicable, non-radar controller should normally be passed to the aircraft.

① Ground Controller
② Flight Controller
③ Radar Controller
④ Aerodrome Controller

62. 다음 괄호 안에 들어갈 단어로 알맞은 것은?

When a radiotelephone call has been made to an aeronautical station but no answer has been received a period of at least (   ) should elapse before a subsequent call is made to that station.

① five seconds
② ten seconds
③ thirty seconds
④ one minute

66. 다음 문장의 밑줄 친 단어와 같은 의미를 가지는 것은?

The air traffic controller announced the arrival of the flight.

① Landing
② Captain
③ Leaving
④ Number

69. 다음 문장의 밑줄 친 부분에 알맞은 단어는?

International standards for Air Traffic Management are set by (   ).

① UN
② ICAO
③ IAEA
④ NOTAM

70. 다음 내용이 설명하는 항공용어는 무엇 인가?

An aerodrome to which an aircraft may proceed when it becomes impossible to land at the aerodrome of intended landing.

① Alternate aerodrome
② Supplement aerodrome
③ Amendment aerodrome
④ International aerodrome

[2018년 1차]

정답: ③④③④① / ④②①②①

[2017년 1차]

52. 다음 괄호 안에 알맞은 것은?

Before renewing the call, the calling station shall ascertain that the station called is not (   ) another station.

① in communication to
② in communication of
③ in communication with
④ in communication for

53. 다음 문장의 괄호 안에 들어갈 알맞은 것은?

The international radiotelephony distress signal is (   ).

① "EMERGENCY"
② "DISTRESS"
③ "MAYDAY"
④ "URGENT"

54. 다음 문장의 밑줄 친 it은 무엇을 의미하는가??

When an aeronautical station receives calls form several aircraft stations at practically the same time, it decides the order in which these stations may transmit their traffic.

① an aircraft station
② an aeronautical station
③ an aircraft station or an aeronautical station
④ an airspace station

55. 다음 문장의 괄호 안에 들어갈 알맞은 것은?

The distress call shall have (   ) priority over all other transmissions.

① to absolute
② absolutely
③ in absolute
④ absolute

57. 다음 문장의 괄호 안에 들어갈 알맞은 것은?

> When ( ) does not reply to a call sent three times at invervals of two minutes, the calling shall cease and shall not be renewed until after an interval of fifteen minutes.

① a station to call
② a station called
③ a station calling
④ a station to be calling

68. 다음 중 AIR TRAFFIC SERVICE에 포함되지 않는 것은?
① Flight Information Service
② Air Traffic Advisory service
③ Air Traffic Control service
④ Flight Detection Service

69. 다음 문장의 밑줄 친 부분에 알맞은 것은?

> The pilot wants to know the barometer reading. He wants to know ( ).

① the pollen count
② the atmospheric pressure
③ the temperature of the air
④ the amount of moisture in the air

70. Which part of an airplane can increase lift during a flight?
① A flap
② A rudder
③ An aileron
④ An elevator

[2017년 1차]

정답: ②③②④② / ④②④

[2016년 1차]

51. Which one is not contained in the "Arrival reports"?
① Aircraft identification
② Departure aerodrome
③ Time of arrival
④ Fuel endurance

52. 다음 괄호 속에 들어갈 가장 적합한 말을 고르시오.

> The distress call and message shall be sent only on the authority of the master or person ( ) the ship, aircraft or other vehicle carrying the mobile station or ship earth station.

① responsible to
② responsible for
③ responsible on
④ responsible of

53. ICAO Doc4444에 수록 된 용어 중 고도의 단위를 틀리게 서술한 것은?
① FLIGHT LEVEL
② FEET
③ METERS
④ MILES

54. 다음 문장이 의미하는 용어는?

> Radiodetermination using the reception of radio waves for the purpose of determining direction of a stations or object.

① Radio direction finding
② Radion bearing
③ Radiotelephony network
④ Radio direction-finding station

55. 다음 문장의 괄호 안에 들어갈 알맞은 것은?

The distress call shall have ( ) priority over all other transmissions.

① to absolute
② absolutely
③ in absolute
④ absolute

56. 다음 중 약어의 표현이 적절하지 않은 것을 고르시오.

① DME - Distance Measuring Equipment
② ILS - Instrument Landing System
③ ADF - Automatic Direction Finder
④ NAV - Navigation Aircraft Vertical

57. 다음 문장의 밑줄 친 부분에 들어갈 알맞은 것은?

The speed in level flight at which an airplane operaties most efficiently and economically is called ( ).

① Cruising Speed
② Top Speed
③ Maximum Level Speed
④ Maximum Structural Cruising Speed

59. 다음 문장의 밑줄 친 부분에 들어갈 알맞은 것은?

The component of the total aerodynamic forces acting on an airfoil perpendicular to the relative wind is called ( ).

① Lift
② Drag
③ Weight
④ Thrust

60. 다음 문장의 밑줄 친 부분이 의미하는 것은?

Generators are widely used for high-powered alternating current and direct current installations.

① 교류
② 직류
③ 전압
④ 전력

[2015년 4차]

52. 다음 문장의 괄호 안에 들어갈 내용으로 맞지 않는 것은?

Except for reastons of safety no transmission shall be directed to an aircraft during (   ).

① starting engine
② take-off
③ the last part of the final approach
④ the landing roll

53. 다음 괄호 안에 적절한 내용으로 짝지어진 것은?

In addition to being preceded by the radiotelephony distress signal (   ), preferably spoken (   ) times.

① pan pan, two
② pan pan, three
③ mayday, two
④ mayday, three

56. 다음 문장의 밑줄 친 부분에 들어갈 내용으로 알맞은 것은?

Altitude expressed in feet measured above ground level is abbreviated as (   ).

① MSL
② QNH
③ QFE
④ AGL

57. 다음 중 용어의 기능이 가장 적합하게 설명된 것은?

① "DME" providing only azimuth information.
② "TACAN" providing only distance information.
③ "DME" providing distance and azimuth information.
④ "TACAN" providing distance and azimuth information.

58. 약어 'CAVOK'의 의미와 발음을 가장 적절하게 설명한 것은?

① No precipitation, KA-VOK

② No Precipitation, KAV-OH-KAY

③ Visibility, cloud and present weather better than prescribed values, KA-VOK

④ Visibility, cloud and present weather better than prescribed values, KAV-OH-KAY

[2015년 4차]

정답: ①④④④④

[2015년 1차]

51. 다음 괄호 안에 알맞은 것은?

Before renewing the call, the calling station shall ascertain that the station called is not ( ) another station.

① in communication to
② in communication of
③ in communication with
④ in communication for

52. 다음 문장에서 나타내는 전파의 특성을 가장 적절히 설명한 것은?

The Propagation of radio waves, particularly at frequencies greater than 1[GHz], is significantly influenced by rain, as well as by sand and dust storms.

① 강우 뿐 아니라 모래와 먼지폭풍에 의하여 조금 영향을 받는다.
② 강우 뿐 아니라 모래와 먼지폭풍에 의하여 중대한 영향을 받는다.
③ 강우 뿐 아니라 모래와 먼지폭풍에 의하여 어떤 영향도 받지 않는다.
④ 강우 뿐 아니라 모래와 먼지폭풍에 의하여 때때로 영향을 받는다.

53. ICAO 규정에서 정의한 다음의 용어는 무엇을 나타내는가?

An aeronautical telecommunication station having primary responsibility for handing communications pertaining to the operation and control of aircraft in a given area

① Air control radio station
② Ground control radio station
③ Land station
④ Air-ground control radio station

54. 다음 문장의 괄호 안의 수준에 해당하는 것은?

The language proficiency of aeroplane and helicopter pilots required to use the radiotelephone aboard an aircraft who demonstrate proficiency below the Expert Level ( ) shall be formally evaluated at intervals in accordance with an individual's demonstrated proficiency level.

① 3
② 4
③ 5
④ 6

55. 다음의 괄호 안에 적합한 것은?

Any radio frequency between 3 and 30 MHz is defined as (   ).

① High Prequency
② Very High Prequency
③ Ultra High Prequency
④ Super High Prequency

58. 다음 문장의 밑줄 친 부분에 알맞은 말은?

The maximum number of hours of minutes that an aircraft can stay in the air is called (   ).

① Endurance
② Maximum duration
③ Longest flight duration
④ Maximum flight period

60. 다음 문장의 밑줄 친 부분에 알맞은 것은?

An inside aircraft communication system for the crew is called (   ).

① Interphone system
② Transmitter system
③ Receiver system
④ Transponder system

61. 다음 문장의 밑줄 친 부분에 들어갈 알맞은 것은?

The forward force produced by either a propeller or the reaction of a jet engine exhaust is called (   ).

① Power
② Length
③ Weight
④ Thrust

[2015년 1차]

정답: ③②④④① / ①①④

무조건 합격하는
항공무선통신사 필기시험 핵심 핸드북 1
- 전파법규 · 영어 -
기출문제 정리 · 해설

초판 발행 2023년 3월 7일

지은이 자율
펴낸이 홍연희
펴낸곳 도서출판 삼일
출판등록 제2007-00023호

주소 세종특별자치시 보듬8로 45 삼일기획빌딩
전화 044) 866-3011~4
팩스 044) 867-3133
이메일 samil3011@naver.com
홈페이지 www.samilplanning.com

ISBN 979-11-89942-29-8 (04560)
    979-11-89942-28-1 (세트)
값 22,000원

ⓒ 2023 Printed in Korea

잘못된 책은 구입하신 곳에서 바꾸어 드립니다.
이 책의 전부 또는 일부 내용을 재사용하려면 사전에 저작권자와 펴낸곳의 동의를 받아야 합니다.